U0818676

张景中科普文集

ZHANG
JINGZHONG
KEPU WENJI

张景中◎著

帮你学数学

長江出版傳媒
湖北科学技术出版社

图书在版编目(CIP)数据

帮你学数学 / 张景中著. —武汉：湖北科学技术出版社，2017.6（2019.11 重印）

ISBN 978-7-5352-9539-2

Ⅰ. ①帮…　Ⅱ. ①张…　Ⅲ. ①数学—少年读物　Ⅳ. ①01-49

中国版本图书馆 CIP 数据核字（2017）第 172471 号

责任编辑：杨宁巍　　　　封面设计：喻　杨

出版发行：湖北科学技术出版社　　　　电话：027-87679451

地　　址：武汉市雄楚大街 268 号　　　　邮编：430070

（湖北出版文化城 B 座 13-14 层）

网　　址：http：//www.hbstp.com.cn

印　　刷：武汉市金港彩印有限公司　　　　邮编：430023

710×1010　1/16　　　　12 印张　　200 千字

2017 年 8 月第 1 版　　　　2019 年11月第 2 次印刷

定价：48.00 元

本书如有印装质量问题　可找本社市场部更换

总序
ZONGXU

感谢湖北科学技术出版社督促我将这30多年里写的科普作品回顾整理一下。我想人的天性是懒的，就像物体有惰性。要是没什么鞭策，没什么督促，很多事情就做不成。我的第一本科普书《数学传奇》，就是在中国少年儿童出版社的文赞阳先生督促下写成的。那是1979年暑假，他到成都，到我家里找我。他说你还没有出过书，就写一本数学科普书吧。这么说了几次，盛情难却，我就试着写了，自己一读又不满意，就撕掉重新写。那时没有电脑或打字机，是老老实实用笔在稿纸上写的。几个月下来，最后写了6万字。他给我删掉了3万，书就出来了。为什么要删？文先生说，他看不懂的就删，连自己都看不懂，怎么忍心印出来给小朋友看呢？书出来之后，他高兴地告诉我，很受欢迎，并动员我再写一本。

后来，其他的书都是被逼出来的。湖南教育出版社出版的《数学与哲学》，是我大学里高等代数老师丁石孙先生主编的套书中的一本。开策划会时我没出席，他们就留了“数学与哲学”这个题目给我。我不懂哲学，只好找几本书老老实实地学了两个月，加上自己的看法，凑出来交卷。书中对一些古老的话题如“飞矢不动”“白马非马”“先有鸡还是先有蛋”“偶然与必然”，冒昧地提出自己的看法，引起了读者的兴趣。此书后来被3家出版社出版。又被选用改编为数学教育方向的《数学哲学》教材。其中许多材料还被收录于一些中学的校本教材之中。

《数学家的眼光》是被陈效师先生逼出来的。他说，您给文先生写了书，他退休了，我接替他的工作，您也得给我写。我经不住他一再劝说，就答应下来。一答应，就像是欠下一笔债似的，只好想到什么就写点什么。5年积累下来，写成了6万字的一本小册子。

这是外因，另外也有内因。自己小时候接触了科普书，感到帮助很大，印象很深。比如苏联伊林的《十万个为什么》《几点钟》《不夜天》《汽车怎样会跑路》；我国顾均正的《科学趣味》和他翻译的《乌拉·波拉故事集》，刘薰宇的《马先生谈算学》和《数学的园地》，王峻岑的《数学列车》。这些书不仅读起来有趣，读后还能够带来悠长的回味和反复的思索。还有法布尔的《蜘蛛的故事》和《化学奇谈》，很有思想，有启发，本来看上去很普通的事情，竟有那么多意想不到的奥妙在里面。看了这些书，就促使自己去学习更多的科学知识，也激发了创作的欲望。那时我就想，如果有人给我出版，我也要写这样好看的书。

法布尔写的书，以十大卷的《昆虫记》为代表，不但是科普书，也可以看成是科学专著。这样的书，小朋友看起来趣味盎然，专家看了也收获颇丰。他的科学研究和科普创作是融为一体的，令人佩服。

写数学科普，想学法布尔太难了。也许根本不可能做到像《昆虫记》那样将科研和科普融为一体。但在写的过程中，总还是禁不住想把自己想出来的东西放到书里，把科研和科普结合起来。

从一开始，写《数学传奇》时，我就努力尝试让读者分享自己体验过的思考的乐趣。书里提到的“五猴分桃”问题，在世界上流传已久。20世纪80年代，诺贝尔奖获得者李政道访问中国科学技术大学，和少年班的学生们座谈时提到这个问题，少年大学生们一时都没有做出来。李政道介绍了著名数学家怀德海的一个巧妙解答，用到了高阶差分方程特解的概念。基于函数相似变换的思想，我设计了“先借后还”的情景，给出一个小学生能够懂的简单解法。这个小小的成功给了我很大的启发：写科普不仅仅是搬运和解读知识，也要深深地思考。

在《数学家的眼光》书中，提到了祖冲之的密率355/113有什么好处的问题。数学大师华罗庚在《数论导引》一书中用丢番图理论证明了，所有分母不超过366的分数中，355/113最接近圆周率π。另一位数学家夏道行，在他的《e和π》一书中用连分数理论推出，分母不超过8000的分数中，355/113最接近圆周率π。在学习了这些方法的基础上我做了进一步探索，只用初中数学中的不等式知识，不多几行的推导就能证明，分母不超过 16586 的分数中，355/113 是最接近 π 的冠军。而 52163/16604 比 355/113 在小数后第七位上略精确一点，但分母却大了上百倍！

我的老师北京大学的程庆民教授在一篇书评中，特别称赞了五猴分桃的新解法。著名数学家王元院士，则在书评中对我在密率问题的处理表示欣赏。学术前辈的鼓励，是对自己的鞭策，也是自己能够长期坚持科普创作的动力之一。

在科普创作时做过的数学题中，我认为最有趣的是生锈圆规作图问题。这个问题是美国著名几何学家佩多教授在国外刊物上提出来的，我们给圆满地解决了。先在国内作为科普文章发表，后来写成英文刊登在国外的学术期刊《几何学报》上。这是数学科普与科研相融合的不多的例子之一。佩多教授就此事发表过一篇短文，盛赞中国几何学者的工作，说这是他最愉快的数学经验之一。

1974 年我在新疆当过中学数学教师。一些教学心得成为后来科普写作的素材。文集中多处涉及面积方法解题，如《从数学教育到教育数学》《新概念几何》《几何的新方法和新体系》等，源于教学经验的启发。面积方法古今中外早已有了。我所做的，主要是提出两个基本工具（共边定理和共角定理），并发现了面积方法是具有普遍意义的几何解题方法。1992 年应周咸青邀请访美合作时，从共边定理的一则应用中提炼出消点算法，发展出几何定理机器证明的新思路。接着和周咸青、高小山合作，系统地建立了几何定理可读证明自动生成的理论和算法。杨路进一步把这个方法推广到非欧几何，并发现了一批非欧几何新定理。国际著名计算机科学家保伊尔（Robert S. Boyer）将此誉为计算机处理几何问题发展道路上的里程碑。这一工作获 1995 年中国科学院自然科学一等奖和 1997 年国家自然科学二等奖。从教学到科普又到科学研究，20 年的发展变化实在出乎自己的意料！

在《数学家的眼光》中，用一个例子说明，用有误差的计算可能获得准确的结果。基于这一想法，最近几年开辟了“零误差计算”的新的研究方向，初步有了不错的结果。例如，用这个思想建立的因式分解新算法，对于两个变元的情形，比现有方法效率有上千倍的提高。这个方向的研究还在发展之中。

1979—1985 年，我在中国科学技术大学先后为少年班和数学系学生讲微积分。在教学中对极限概念和实数理论做了较深入的思考，提出了一种比较容易理解的极限定义方法——“非 ε 语言极限定义”，还发现了类似于数学归纳法的“连续归纳法”。这些想法，连同面积方法的部分例子，构成了 1989 年出版的《从数学教育到教育数学》的主要内容。这本书是在四川教育出版社余秉本女士督促下写出来的。书中第一次提出了“教育数学”的概念，认为教育数学的任务是“为了数学教育的需要，对数学的成果进行再创造。”这一理念渐渐被更多的学者和老师们认同，导致 2004 年教育数学学会（全名是“中国高等教育学会教育数学专业委员会”）的诞生。此后每年举行一次教育数学年会，交流为教育而改进数学的心得。这本书先后由三家出版社出版，从此面积方法在国内被编入多种奥数培训读物。师范院校的教材《初等几何研究》（左铨如、季素月编著，上海科技教育出版社 1991 年出版）中详细介绍了系统面积方法的基本原理。已故的著名数学家和数学教育家，西南师大陈重穆教授在主持编写的《高效初中数学实验教材》中，把面积方法的两个基本工具“共边定理”和“共角定理”作为重要定理，教学实验效果很好。1993 年，四川都江教育学院刘宗贵老师根据此书中的想法编写的教材《非 ε 语言一元微积分学》在贵州教育出版社出版在教学实践中效果明显，后来他还发表了论文。此后，重庆师范学院陈文立先生和广州师范学院萧治经先生所编写的微积分教材，也都采用了此书中提出的“非 ε 语言极限定义”。

10 多年之后，受林群先生研究工作的启发带动，我重启了关于微积分教学改革的思考。文集中有关不用极限的微积分的内容，是 2005 年以来的心得。这方面的见解，得到著名数学教育家张奠宙先生的首肯，使我坚定了投入教学实践的信心。我曾经在高中尝试过用 5 个课时讲不用极限的微积分初步。又在南方科技大学试讲，用 16 个课时不用极限讲一元微积分，严谨论证了所有的基本定理。初步实验的效果尚可，系统的教学实践尚待开展。

也是在 2005 年后，自己对教育数学的具体努力方向有了新的认识。长期以来，几何教学是国际上数学教育关注的焦点之一，我也因此致力于研究更为简便有力的几何解题方法。后来看到大家都在删减传统的初等几何内容，促使我作战略调整的思考，把关注的重点从几何转向三角。2006 年发表了有关重建三角的两篇文章，得到张奠宙先生热情的鼓励支持。这方面的想法，就是《一线串通的初等数学》一书的主要内容。书里面提出，初中一年级就可以学习正弦，然后以三角带动几何，串联代数，用知识的纵横联系驱动学生的思考，促进其学习兴趣与数学素质的提高。初一学三角的方案可行吗？宁波教育学院崔雪芳教授先吃螃蟹，做了一节课的反复试验。她得出的结论是可行！但是，学习内容和国家教材不一致，统考能过关吗？做这样的教学实验有一定风险，需要极大的勇气，也要有行政方面的保护支持。2012 年，在广州市科协开展的“千师万苗工程”支持下，经广州海珠区教育局立项，海珠实验中学组织了两个初中班全程地实验。两个实验班有 105 名学生，入学分班平均成绩为 62 分和 64 分，测试中有三分之二的学生不会作三角形的钝角边上的高，可见数学基础属于一般水平。实验班由一位青年教师张东方负责备课讲课。她把《一线串通的初等数学》的内容分成 5 章 92 课时，整合到人教版初中数学教材之中。整合的结果节省了 60 个课时，5 个学期内不仅讲完了按课程标准 6 个学期应学的内容，还用书中的新方法从一年级下学期讲正弦和正弦定理，以后陆续讲了正弦和角公式，余弦定理这些按常规属于高中课程的内容。教师教得顺利轻松，学生学得积极愉快。其间经历了区里的 3 次期末统考，张东方老师汇报的情况如下：

从成绩看效果

期间经过三次全区期末统考。实验班学生做题如果用了教材以外的知识，必须对所用的公式给出推导过程。在全区 80 个班级中，实验班的成绩突出，比区平均分高很多。满分为 150 分，实验一班有 4 位同学获满分，其中最差的个人成绩 120 多分。

	实验 1 班平均分	实验 2 班平均分	区平均分	全区所有班级排名
七年级下期末	140	138	91	第一名和第八名
八年级上期末	136	133	87.76	第一名和第五名
八年级下期末	145	141	96.83	第一名和第三名

这样的实验效果是出乎我意料的。目前，广州市教育研究院正在总结研究经验，并组织更多的学校准备进行更大规模的教学实验。

科普作品，以“普”为贵。科普作品中的内容若能进入基础教育阶段的教材，被社会认可为青少年普遍要学的知识，就普得不能再普了。当然，一旦成为教材，科普书也就失去了自己作为科普的意义，只是作为历史记录而存在。这是作者的希望，也是多年努力的目标。

文集编辑工作即将完成之际，湖北科学技术出版社王小芳老师建议我写个总序。我从记忆中检索出一些与文集中某些内容有关的往事杂感，勉强塞责。书中不当之处，欢迎读者指正。

湖北科学技术出版社何龙社长和谢俊波主任热心鼓励我出版文集；还有华中师范大学国家数字化学习工程中心彭翕成老师（《绕来绕去的向量法》作者之一，该书中绝大多数例题和题解由他提供）为文集的出版付出了辛勤劳动，在此谨表示衷心的感谢。

张景中

2014 年 10 月 14 日

目 录

MULU

猴子吃栗子

有一位少年养了 2 只猴子。

每天早晨，他给每只猴子 4 个栗子吃，它们十分高兴地吃了。到了晚上，再给它们 3 个，猴子就大吵大闹起来。它们想不通：为什么晚上比早晨少了一个呢？

这位爱动物的少年，当然希望猴子愉快一点，不要天天吵闹。可他又没有更多的栗子。于是，改为早上给 3 个，晚上给 4 个。

说也奇怪，猴子高兴了。它们发现：每天晚上，都比早晨吃到了更多的栗子。

3+4=4+3。猴子到底是猴子。它不懂得交换律，所以早 3 晚 4 和早 4 晚 3，收到了不同的效果。

算术里还有结合律、分配律和别的律。我们用惯了，往往认为那是理所当然的事，并不觉得“律”有什么宝贵，就像不觉得空气的宝贵一样。

想一想，要是这些律不成立，做起题来该多麻烦。你得按次序算，许多简便的方法也没有了。比如：

$4\times73\times25=73\times(4\times25)=7300$，

$23\times68+32\times23=23\times(68+32)=2300$。

这些简便的方法，就是用交换律、结合律和分配律得到的。

不过，也不是什么运算都能交换、结合和分配的。初学代数的时候，我常在作业本上写：

$$(a+b)^2=a^2+b^2；\sqrt{a+b}=\sqrt{a}+\sqrt{b}；$$

$$(3a)^2=3a^2；\frac{2x+1}{4}=\frac{x+1}{2}。$$

那结果，是红色的“×”子很多。后来，逐步吸取教训，知道了什么运算可以用什么律，“×”子才少起来。

为什么不同的运算有不同的律呢？要是所有运算用一样的律，岂不方便吗？

偏偏不行。世界上的事是复杂的。不同的事，各有自己的特点和规律。

交换和条件

算术里的交换律，在日常生活中一样有用。不过，你也一样不能乱用。

猴子吃栗子的故事，当然是人编出来的，并非确有其事。可是，喂猪的饲养员知道：给猪开饭的时候，要先喂粗饲料，后加精饲料，让它越吃越香，才能吃得饱，睡得好，长得快。交换律在这里不成立。

还有一些事，它们的顺序是根本不能交换的。先穿袜子，后穿鞋，很对。反过来，先穿鞋，后穿袜子，还像什么样子呢？拧开钢笔帽，灌上墨水，再写字，很对。反过来，就不可能了。

也有这样的情况：两件事交换之后，照样讲得通，只是含意不同了。

说“小宁吃东西的时候还在看书”，马上给人一个印象：小宁太爱学习了。你看，吃东西的时候还在看书。要注意身体，别得了胃病。

交换一下，说“小宁看书的时候还在吃东西”，这就会使人觉得他馋嘴，看书的时候还在吃零食。

体育老师喊的口令，有的时候是可以交换的，有的时候又不可以随便交换。

要是把“向前 5 步走”和“向前 3 步走”交换一下，结果就一样。反正总共是向前走了 8 步。

要是把“向前 5 步走”和“向后转”交换一下，那就不同了。

先向后转，再向前 5 步走，结果，和刚才的位置正好相差 10 步。

所以，做事、说话和做题一样，得讲究顺序，不能随便交换。

算术里的别的律，也有类似的情况。

用水和米煮饭，用酱油、姜、蒜烧鱼，然后一起吃。要是应用结合律，把米和酱油、姜、蒜放在一起煮饭，把水和鱼放在一起烧鱼，这怎么做，又怎么吃呢？

口令的计算

在算术里，任何两个数可以相加。

要是我们把两个口令连续执行的结果，叫做这两个口令相加所得到的和，那么，任何两个口令就可以相加了。相加之后，可能得到一个新口令，也可能得到一个老口令。

这“新”和“老”是什么意思呢？

你看：

向左转＋向后转＝向右转；

向前1步走＋向前3步走＝向前4步走。

前一个式子的结果——向右转，是一个老口令；而后一个式子的结果——向前4步走，便是一个新口令。不信去问体育老师，他从来不会叫你们“向前4步走”。体育课上的口令，是不兴叫4步或者6步走的，因为最后的一步，不许落在左脚上。

不过，我们可以把思想解放一下：走4步就走4步，又有什么不可以的呢？好在我们这里说的是数学，允许推广，也允许产生新的数。

在算术里，只要有了1，1＋1＝2，1＋2＝3……所有的正整数就都出来了。

在口令的算术里，要产生出多种多样的口令，只有一个口令可不够了。

要是只有一个“向前 1 步走”，那就只能向前走，想转一个弯都不行。

要是只有一个“向左转”，那就只能原地转来转去，想走 1 步都不行。

不过，只要有了一个“向前 1 步走”和一个“向左转”，便可以组成多种多样的口令了。不信？你可以试试。

算术里有个 0，任何数加 0，等于本数。

口令里也可以有个 0。我们不妨把“立正”叫做 0。要是不考虑“稍息”、“向右看齐”之类的话，任何口令加上立正，都不会影响执行的结果。

在口令中，也可以有相反的口令。这好比代数里的相反数。

3 和－3 互为相反数。因为 3＋（－3）＝0。

向左转的“相反数”是向右转。因为向左转＋向右转＝立正＝0。

向前 5 步走的相反数是什么呢？难道是后退 5 步吗？

别着急。因为向前 5 步走＋（向后转＋向前 5 步走＋向后转）＝0，所以向前 5 步走的相反数，便是

向后转＋向前 5 步走＋向后转。

这 3 个口令连在一起，效果相当于后退 5 步。

我们这样把许多口令放在一起，就形成了只有一个运算的系统。这个运算，就是两个口令相加——接连执行。这种只有一个代数运算的系统叫做“群”。

研究群的数学叫做群论。群论和几何、代数、物理……关系密切，非常有用，非常重要。它是 19 世纪的法国中学生伽罗瓦创立的。

有趣的变换

同一件事，用不同的看法和办法去对待，往往有不同的结果或者收获。

我们分别用 0、1、2、3 来代表立正、向左转、向后转和向右转。

那么，把

向左转＋向后转＝向右转，

向右转＋立正＝向右转，

表示成

1＋2＝3，

3＋0＝3，

这都是说得通的。

可是，把两个口令连起来，为什么非得叫做相加不可呢？不叫相加，偏偏叫相乘，又有什么不可以呢？

你也许会说，那不像话。要是叫做相乘，那么，向右转×立正＝向右转，岂不是 3×0＝3。这和 0 的性质不是矛盾了吗？多别扭呀。

这好办。名字是我们取的。我们不会把立正叫做 1 吗？

对了。0 在加法中所扮演的角色，和 1 在乘法里所扮演的角色十分相像。任何数加 0 不变，乘 1 也不变。把两个口令连起来叫做相乘，立正便可以叫做 1。你看：

向右转×立正＝向右转，

向左转×立正＝向左转，

向后转×立正＝向后转，

正好，任何数乘 1，仍然不变。

那另外 3 个口令取什么数做名字才恰当呢？

这也好办。

∵ 向后转×向后转＝立正，

∴ 向后转^2＝1。

把向后转叫做−1 再恰当没有了。$(-1)^2$，可不是等于 1 嘛。

这样

∵ 向左转×向左转=向后转，

∴ 向左转^2=−1。

∵ 向右转=向后转×向左转，

∴ 向右转$=-1\times\sqrt{-1}=-\sqrt{-1}$。

你看，在这 4 个口令中，只要

立正=1。

我们就可以用乘法的运算规律算出：

向后转=−1，

向左转$=\sqrt{-1}$，

向右转$=-\sqrt{-1}$。

真是妙得很。在这种算术里，−1 可以开平方了。$\sqrt{-1}$并不是不可捉摸的“虚数”。它的含义，不过是“向左转”罢了。

许多日常生活里的事情，都可以设法转化成算术问题来运算处理。用考试得的分数计算学习成绩，就是一个例子。

钟表和星期

在钟表的算术里：

6+6=0，

7+6=1，

3−7=8。

请你想一想，这些算式是什么意思呢？

因为钟表的 12 点就是 0 点，所以 6+6=12=0；7+6=1；3−7=8。

还可以有星期的算术。

在这种算术里，星期一到星期六，分别用 1 到 6 代表，星期日用 0 代表。3＋4＝0 的意思，是星期三再过 4 天便是星期日。按照这种解释，当然 4＋5＝2 了。星期四再过 5 天，可不就是星期二了。

这类算术，除了说说有趣之外，在数学里有用处吗？

有。用处还不小。

举一个例子。要判断一个正整数能不能被 9 整除，有一个简便的方法：把这个数的各位数字相加用 9 除，要是能整除，原数也能整除；否则，原数也不能整除。

111302154 能不能被 9 整除？

1＋1＋1＋3＋0＋2＋1＋5＋4＝18。

因为 9 能整除 18，所以 9 也能整除 111302154。

这里面的道理，就可以用钟表算术、星期算术来说明。

随便拿一个自然数，用 9 除，可能整除，也可能不行。不能整除的时候，可能余 1，余 2，直到余 8。

所有的自然数，用 9 除余 0 的，叫做 0 类数，用 9 除余 1 的，叫做 1 类数，然后是 2 类数、3 类数，一直到 8 类数。

这样，就把所有的数分成了 9 类：0，1，2，3，4，5，6，7，8，叫做以 9 为标准的 9 个同余类。

类与类之间可以相加：

3 类数+5 类数=8 类数。

这很像通常的算术。可是，

7 类数+2 类数=0 类数，

8 类数+5 类数=4 类数。

也就是：

7+2=0，

8+5=4。

至于类之间的乘法，便有：

3×5=6，

6×6=0。

等等。用这种思想，很容易解释用 9 做除数时余数的速算问题。请你试一试。

你看，划分同余类，要是不以 9 为标准，而以 12 为标准，便得到钟表算术；以 7 为标准，便得到星期算术。

在放大镜下

比你还小的时候，我很喜欢玩放大镜。

放大镜下面的小虫，腿上的毛都看得一清二楚。它张牙舞爪，活像一个小妖精。

用放大镜看自己的皮肤，用放大镜看精致的邮票，用放大镜从太阳光里取火，都有趣得很。

那时候，放大镜不容易找到。我和小朋友找到了一些代用品：爷爷换下来的老花眼镜片啦，坏的电灯泡灌满了清水啦，都可以当放大镜玩。

有一次，我们正在玩，老师走过来问道："用放大镜看什么东西放不大呢？"

这一下把我们都问住了。放大镜还能放不大东西吗？

等到老师宣布角是放不大的，大家这才明白过来。你看，桌子的角是 90°，在放大镜下面看，可不还是 90°嘛。

这个问题你可能早已知道了。不少书上谈到它。不知道你有没有想过：在放大镜下面，什么东西能够放得特别大呢？

比如这是一个 3 倍的放大镜。也就是说，1 厘米长的线，在适当的距离用这个放大镜看，就像有 3 厘米那么长。它能把什么东西放得比 3 倍更大呢？

请看看下面的图：

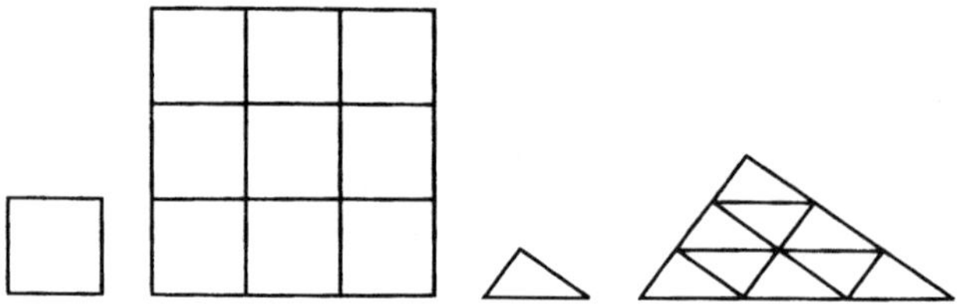

你从图上看得出来：在 3 倍的放大镜下面，正方形和三角形，它们的边长放大为原来的 3 倍，面积就变成了原来的 9 倍。

还有放得更大的东西吗？有。你看立方体的体积，这时是原来的 27 倍了：

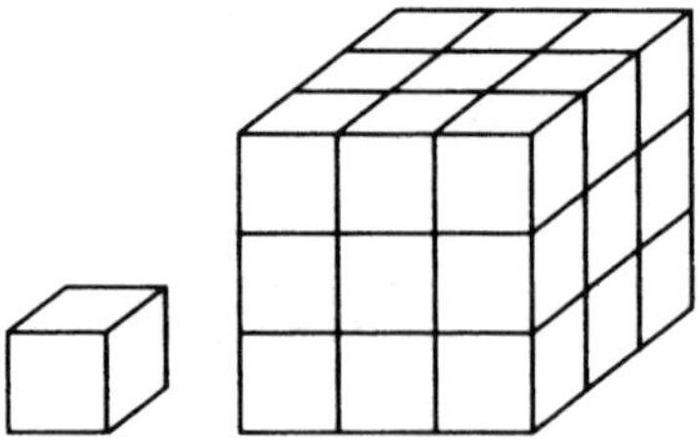

一般来说，在 k 倍的放大镜下面：

角度是原来的 1 倍，即 k^0 倍；

长度是原来的 k 倍，即 k^1 倍；

面积是原来的 k^2 倍；

体积是原来的 k^3 倍。

所以，我们可以把角度、长度、面积、体积，分别叫 0 次量、一次量、二次量、三次量。

这就是 1 尺等于 10 寸，1 平方尺等于 100 平方寸，而 1 立方尺竟然是 1000 立方寸的道理了。

炸馒头和桶

食堂里有时卖油炸馒头。

油炸馒头比普通馒头多用了油，所以要多收钱。1两一个的油炸馒头多收2毛钱，2两一个的油炸馒头多收4毛钱。这样的定价合理吗？

馒头的表面积越大，用油越多，用油量与表面积成正比。问题是2两一个的大馒头，表面积是1两一个的小馒头的2倍吗？

我们来算一算。大小馒头的形状差不多。小馒头按比例放大k倍便是大馒头。按上节所讲，得：

馒头的高度放大为k倍；

馒头的表面积放大为k^2倍；

馒头的体积（以及重量）放大为k^3倍。

现在，$k^3=2$，得$k=\sqrt[3]{2}$，再得

$k^2=\sqrt[3]{4}$。查表，$\sqrt[3]{4}\approx 1.6$。

可见大馒头的表面积，不是小馒头的 2 倍，而是 1.6 倍不到一点。

算的结果，食堂多收了 4 分钱。

食堂通常采用统一平衡盈亏的办法，这样的定价不算是什么缺点。不过，我们在别的地方遇到这类问题，也许就需要精打细算了。

举一个例子。这是一只铁皮水桶，它的容水量是 7 千克。现在，假设你要做一个一样形状的大桶，要求大桶的容水量是 14 千克，应当准备多少料呢?

根据前面的计算，大桶的铁皮用料，应当是小桶的$\sqrt[3]{4}$倍。

桶的形状和馒头不一样，为什么也是$\sqrt[3]{4}$倍呢?

我们来算算。设大桶桶口直径是小桶的 k 倍。那么，大桶的侧面积和底面积，都是小桶的 k^2 倍；大桶的容积，是小桶的 k^3 倍。

$$\because\quad k^3=\frac{14}{7}=2，得\ k=\sqrt[3]{2}，$$

$$\therefore\quad k^2=\sqrt[3]{2}\cdot\sqrt[3]{2}=\sqrt[3]{2\cdot 2}=\sqrt[3]{4}。$$

长度、面积和体积的这种关系，叫做相似比原理。你可以用它来计算各种物体的体积和表面积，也可以用它来分析和说明许多自然现象。

云雾和下雨

有的地方多雾。

雾是什么？要是你以为雾是水蒸气，那就错了。雾是水，是很小很小的水滴，是悬浮在空气中的水滴。

雾是水滴，那为什么它不会掉下来呢？难道地心引力对它不起作用了吗？

它太小了。

小，就不受地心的吸引力了么？伽利略在比萨斜塔上做过著名的落体实验：10 磅重的球和 1 磅重的球，不是同时落了地嘛。

地心引力对雾一样起作用。不过，这里面还有一层道理：空气对运动中的物体有阻力。当物体的形状和速度一定时，阻力和物体的表面积成正比。

物体越小，表面积越小，阻力也越小，不是仍然要落下去嘛。

你说得对。可是没有说周全。问题就出在不周全上。

你想，小水滴所受到的地心引力，是与它的质量成正比的；而质量，又是与它的体积成正比的。所以，水滴受的重力，与它的体积成正比。可是，阻力却与它的表面积成正比。

比如，水滴的直径缩小成为原来$\frac{1}{10}$，那它的体积便成为原来的$\frac{1}{1000}$，而表面积是$\frac{1}{100}$。这就是说，当空气对小水滴的阻力变成原来的$\frac{1}{100}$时，重力却只有原来的$\frac{1}{1000}$了。相比之下，等于阻力增大了 10 倍。

所以，当水滴小到一定的程度，它所受到的阻力，便能接近它所受到的重力，使自己悬浮在空中，长久不落。

同样的道理，灰尘能在空中飞舞不落，金属的微粒也能在水中悬浮不沉。

高空中的云，就是随气流移动的水滴和冰晶。它们太小了，是掉不下来的。要是用飞机在云中喷上某些化学制品，能帮助小水滴和冰晶互相结合起来，越变越大。当水滴和冰晶的直径增大到一定程度的时候（比如说增加到 10 倍，重力就变为 1000 倍，而空气阻力只增加到 100 倍），空气的阻力终于没有力量托住它们，它们便从天上掉了下来。这就是人工降雨。

没有想到吧，数学上的相似比原理，居然和雾、云以及人工降雨有关系！

动物的大小

陆地上最大的动物是大象。

玩具厂把大象按比例缩小，缩小到老鼠那么大。可是，缩小到老鼠那么大的大象，它的腿还是比老鼠的腿粗得多。

大象的腿粗得不像话，太不成比例了，这是为什么呢？

腿是用来支持和移动身体的。它的粗细，和体重大体上是一致的。

要是把老鼠按比例放大，当它的高度变成原来的 100 倍，四条腿的截面只是原来的 10000 倍，而体积却是原来的 1000000 倍了。也就是腿的单位面积，要支持住的重量是原来的 100 倍。这样，它就无法站立起来，到处乱窜了。

同样的道理，要是象更大，它的腿必须更快地变粗，直到肚子下面长满了腿。四条腿粗到挤在一起，它也就无法活动了。

所以，陆地上最大的动物，要比海里最大的动物小得多。海里的蓝鲸有 170 吨重，而最大的非洲象只有 6～7 吨。因为鲸在水里，水可以负担它的体重。

至于能在空中飞的动物，更不可能有很大的体重。

蜜蜂的翅膀不算大，却能够长时间在花丛中飞来飞去。要是按比例把它的长度放大 10 倍，它的体重要增长 1000 倍，而翅膀的面积只增长 100 倍。这样，它就是拼命扑腾翅膀，也不能自由飞翔了。

别看黑壳子的甲虫笨头笨脑，因为它小，居然也能嗡嗡地乱飞。

麻雀的翅膀，在全身中所占的比例，就比蜜蜂或者甲虫大得多。更大的鸟，翅膀占全身的比例还要更大。最大的飞鸟，是非洲的柯利鸨，两翼展开有 2.5 米宽，而体重不过十几千克。相比之下，小小的身体，要为很大的翅膀提供营养，自然是困难的。所以，飞鸟就不可能很大了。

刚才说的是大，现在反过来说小。

昆虫可以很小。有一种叫做仙蝇的小甲虫，10 万只还不到 5 克重。

在哺乳动物里，可找不到这么小的。最小的哺乳动物鼩鼱重约 1.5 克。为什么不能更小一些呢？因为哺乳动物是热血动物，它必须保持体温。太小了，表面积相对的大，体积相对的小。这样，太小的热血动物，为了保持自己的体温，它就是不断地吃呀吃，也总会感到饿。这怎么活得了呢？

鸟类也是热血动物，所以也不可能有太小的鸟。最小的蜂鸟约重 2 克。别看它小，它的胃口特别好，得不停地吃。对比之下，作为冷血动物的鱼，可以很小。最小的矮鲥鰕虎鱼，体重四五毫克，400 条这种鱼，才抵得上一只蜂鸟。

你看，数学上的相似比原理，它不声不响，在一切地方起作用！

看起来简单

苹果能从树上落到地上，为什么茶杯盖子不会掉到茶杯里去呢?

这是我国著名数学家华罗庚，在一次给中学生讲演中提到的问题。

你也许马上就会回答：这有什么值得一提的呢? 盖子比口大，当然掉不进去了。

确实，盖子比口小，它一定会掉进去。不过，比口大，是不是就一定掉不进去呢?

有一种长方形的茶叶盒，它的盖子是扁圆形的，比口大，可是一不小心，就会掉到盒子里去。这种茶叶盒，现在很少见到了。常见的正方形的茶叶盒，它的正方形的盖子，也会掉进去。

可见——大，并不是掉不进去的可靠根据。究竟掉不掉得进去？还得看形状，作一点具体分析。

通常，盖子和口的形状是一样的。

圆形的盖子，只要比口大，就不会掉进去。

正方形的盖子，比口大，就掉得进去。因为正方形的对角线，比它的边长得多，可以把盖子竖起来，沿对角线方向来放。

正三角形的边比较长，高比较短，可以把盖子沿着边往下放，也放得进去。

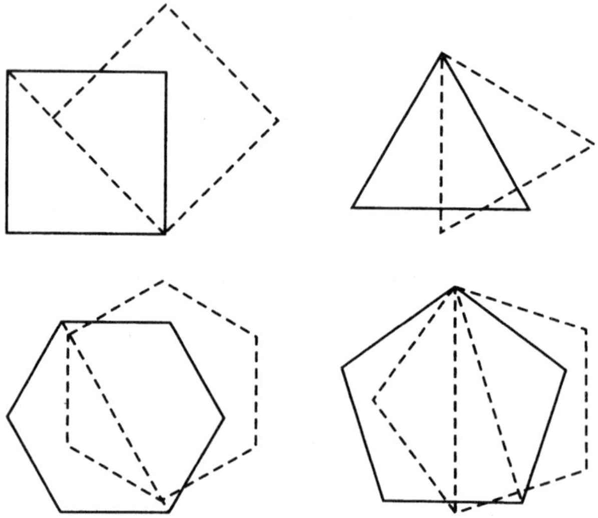

正六边形也应当是放得进去的。它的对角线，比两条平行边之间的距离要长，可以沿对角线的方向放进去。

正五边形也可以放进去。因为它的对角线，也比它的高要长。

你可以证明：任意的正多边形盖子，要是它比口只大一点，就有可能掉进去。

宽度和直径

任意多边形的盖子，形状千变万化，好像比正多边形难说清楚，其实也好说。

我们可以把这些盖子，看成是从一张张长方形的铁皮上剪下来的。这样，我们就可以把问题转化成铁皮至少要多宽了。

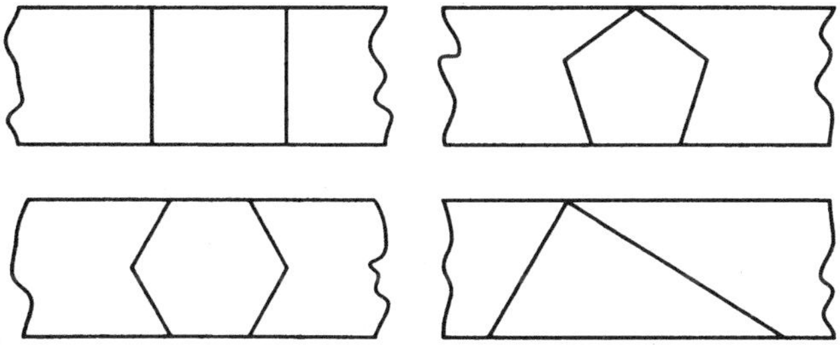

正方形的盖子，铁皮宽度至少是它的边长。正五边形和正六边形，你也不难从图上看出它们的宽度。对于任意三角形，铁皮的宽度至少是它的最小的高。

总之，每一个多边形都有它需要的铁皮宽度。

现在，我们丢开铁皮，设想从各个不同的角度，用两条平行直线来夹着任意的一个多边形。角度不同，夹着它的平行线之间的距离也不相同。当我们从某个角度来夹它时，所用的两条平行线之间距离最小，我们就把这个最小距离，叫做这个图形的“宽度”。

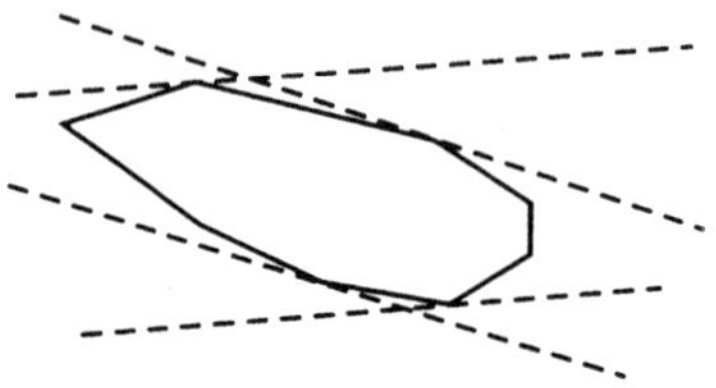

要是一个多边形的宽度为 5 厘米，那它一定可以画在 5 厘米宽的铁皮上，而不能画在更窄的铁皮上。

圆有直径。圆的直径是它的最长的弦。根据这个规定，我们也可以把任意三角形的最长边，还有任意其他多边形的最长对角线，都叫做“直径”。

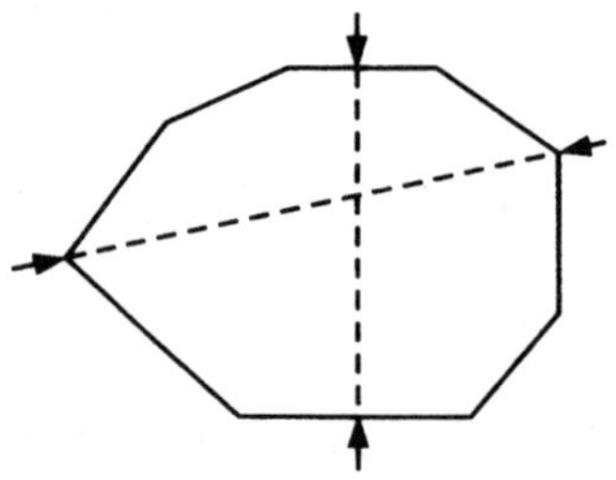

我们对任意多边形的宽度和直径有了认识，就可以得出结论说：要是盖子的直径大于宽度，那它就可能掉进盒子里去，否则不行！这就是一般的回答。

前面，我们只讨论了凸的图形。什么叫凸呢？凡是图形上任意两点的连接线段，都落在图形内，叫做凸的图形。圆、三角形、正方形，都是凸的。

下面的两个图形，就是不凸的图形：

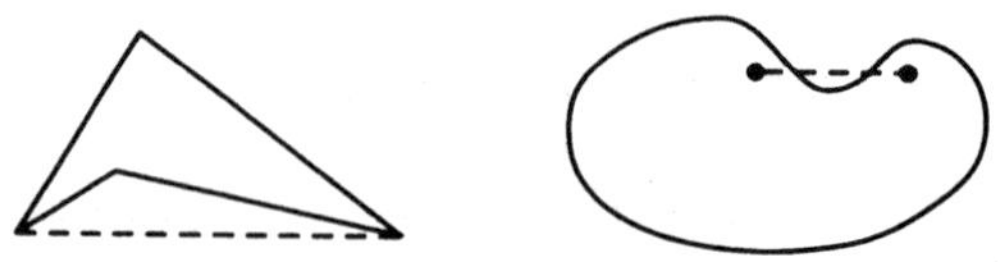

不凸的图形，形状又要复杂一些。请你想一想，这样的盖子会出现什么不同的情况呢？

常宽度图形

图形的宽度不可能比直径大。

要是图形的宽度和直径相等，那么，不论从什么方向用两条平行线来夹它，这两条平行线之间的距离都是一样的。这样的图形，叫做常宽度图形。

要是你想在铁皮上剪一片常宽度图形的铁片，不管怎样摆放图形，铁皮的宽度必须都一样。

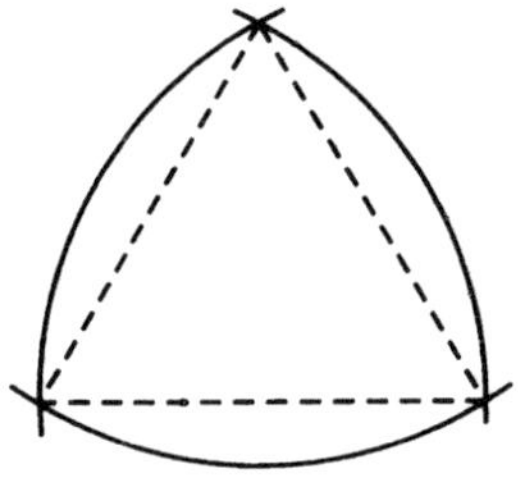

不难证明，任意多边形都不是常宽度的。任意多边形的盖子，只要它是薄薄的，而且只比口大一点，就都可能掉到盒子里去。

你也许会认为：要想盖子不掉进去，只有用圆形了。

别忙着下结论。三角拱形的盖子也掉不进去：

三角拱形是以正三角形的三顶点为心，以它的边长为半径画三段圆弧得到的。

请你想一想，为什么三角拱形是常宽度的呢？

常宽度的图形，有许多美妙的性质。不少人正在研究它。

除了圆和三角拱形之外，你还能想出别的常宽度图形吗？

思 考 题

1. 我们研究盖子问题的思路是这样的：

提出问题（为什么茶杯盖子掉不进去）；

考察一些比较简单的情况（三角形、正方形……）；

形成一般的概念（宽度和直径）；

得到一般的结果（回答最初的问题）；

进一步提出问题（常宽度图形）。

当你遇到一些智力游戏、有趣的习题以及生活中的数学问题，是不是也可以按这个思路去想呢？

2. 除了三角拱之外，还有一些常宽度图形。例如，正五角拱就是常宽度图形。它的作法是：分别以正五角星的顶点为心，再以对角线为半径画弧。这样的五段弧就拼成了一个正五角拱。它有点像圆，实际上不是圆。正七角、九角、十一角拱呢？

扩大养鱼塘

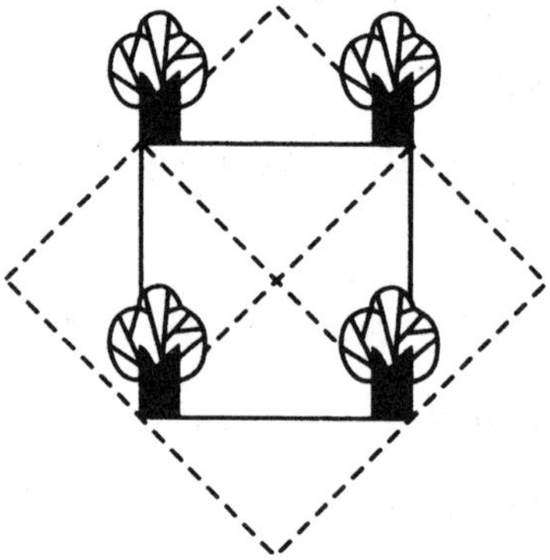

有一个正方形的养鱼塘，四个角各有一棵大树。生产队想把塘扩大，使它成为一个面积比原来大一倍的正方形，而又不愿意把树挖掉，应当怎么办呢?

你一定很快就找到了答案。不过，你不应当到此为满足。

要是要求新池塘面积比原来的 2 倍更大一点呢?

从图上的虚线可以看出，大正方形大出来的部分比小正方形要小，差了画有阴影的那么一块。这就是说，大正方形至多是小正方形的 2 倍，不可能再大一点了。

要是要求新池塘的面积是旧池塘的 r 倍，$1<r<2$，应当如何设计呢？

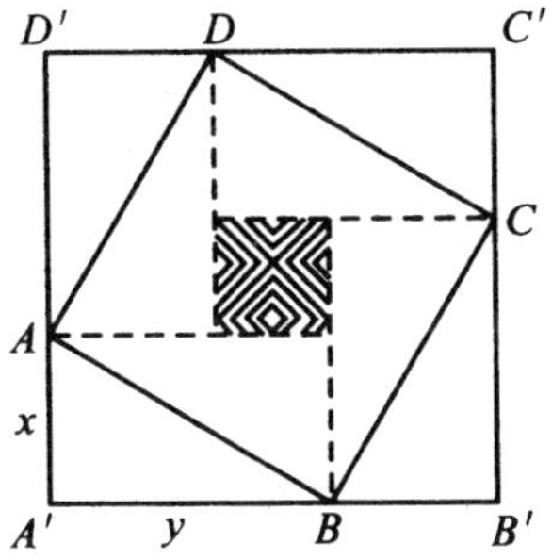

这个问题的关键，是找到 A'，B'，C'，D' 4 个点，而这 4 个点的找法是类似的，只要找到一个便好了。

比如想要找到 A'，关键是定出 x、y 的长度。这可以用勾股定理，列出方程来解。

要是把故事里的池塘改成正三角形，三个角上各有一棵树，不许把树挖掉，要把池塘扩大成更大的正三角形池塘，新池塘能够比旧池塘大多少呢？

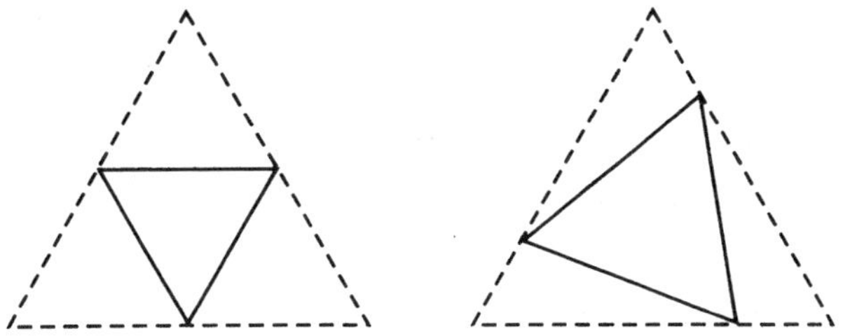

容易想到的是：新池塘可以比旧池塘大 3 倍，成为旧池塘的 4 倍。

这可以通过计算来证明：大三角形的面积，不会比小三角形的 4 倍更大。

要是把正方形池塘扩大成三角形，而且不限制三角形的形状，这个三角形的面积能有多大呢？

可以很大很大。看看这两个图便知道了：

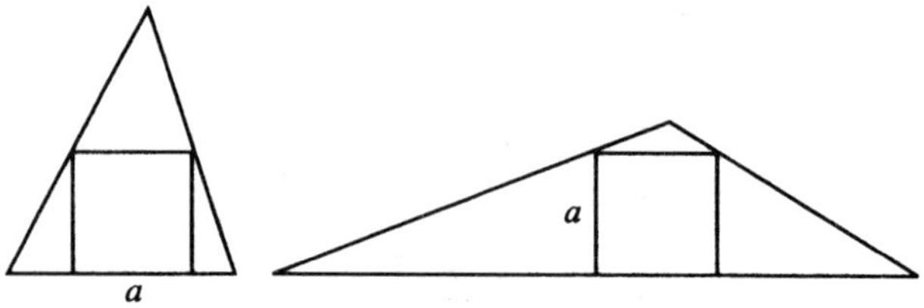

左边的三角形，底大于 a，而高可以很大很大；右边的三角形高大于 a，而底可以很长很长。所以，它们的面积可以很大很大。

有趣的是：这时候想要三角形池塘面积不太大，反倒办不到了。

照这样继续想下去，最容易想到的问题是：池塘本来是正 n 边形的，每个角上各有一棵树，不许把树挖掉，把池塘扩大成新的正 n 边形池塘，那么，新池塘的面积最多是旧池塘的多少倍呢？

$n=5$，$n=6$ 的情形如下图：

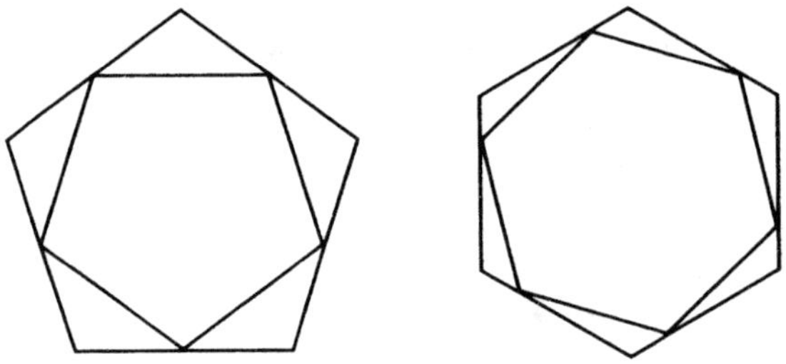

你看看，我们从一个简单的问题出发，通过类比和推广，引出了一串问题！在数学的花园里，常常有这样的小径，沿着它走向密林深处，说不定会看到另外的一番天地，那里也是一片万紫千红哩。

思 考 题

1. 在正方形内放一个正三角形，这个正三角形的面积最大是多少？这是 1978 年全国中学生数学竞赛第二试的最末一个题。

2. 在正方形内任取 9 个点，求证：其中必有 3 个点，所成的三角形的面积，不超过正方形面积的$\frac{1}{8}$。

这个题，曾在 20 世纪 60 年代被选为北京市的中学生数学竞赛题；后来，中国科技大学又用它作过少年班的招生测验题。这个题有点唬人，其实不难。

把正方形等分成 4 个小正方形，一定有 3 个点同在一个小正方形里；而这 3 个点构成的三角形，它的面积不会超过小正方形的一半，就是不超过原正方形的$\frac{1}{8}$。

报考少年班的多数同学，都把这个题做出来了。其中的一位，后来证明了：把 9 个点减少到 8 个点和 7 个点，也可以得到同样的结果。再减少到 6 个点呢？他没有找到答案。实际上，6 个点也对。

要是再问“5 个点呢?”答案是“不行了”。这就是说：在边长为 1 的正方形内，可以找到这样 5 个点，它们构成的 10 个三角形，每一个的面积都大于$\frac{1}{8}$！

用机器证题

初中同学中的“数学迷”，谁不喜欢几何哩。

几何证题，变化万千。看起来似乎难于下手的一个题，只要在图上添上适当的辅助线，往往便云开雾散，妙趣横生。

正因为几何证题变化万千，也就不好做。难就难在看不出一般的规律。

例如，已知在$\triangle ABC$中，$AB=AC$，求证$\angle B$、$\angle C$的平分线$BD=CE$。这只要证明$\triangle DBC\cong\triangle ECB$，问题便迎刃而解。可是，把已知和求证交换一下，这一换，问题就难多了。

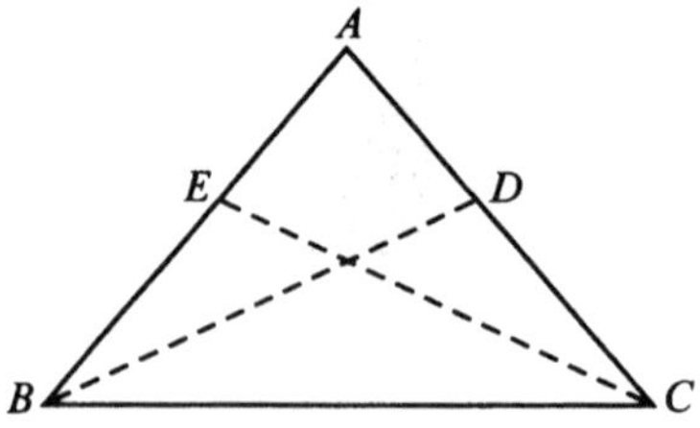

100多年前，德国数学家雷米欧司，公开提出了这个问题。他说：几何题在没有证明出来之前，很难说它是难还是容易。等腰三角形两底角的分角线相等，初中学生都会证。可是反过来，已知三角形的两条分角线相等，要证它是等腰三角形，可就不好证了。

后来，德国著名数学家史坦纳解决了这个问题，使它成为一个定理，叫做史坦纳—雷米欧司定理。

经过名人一做，这个问题也就出了名。有一个数学期刊，还曾经公开征求这条定理的证明，收到了形形色色的证法：经过挑选和整理，得到了 60 多种证法，编印成了一本书。

到了 20 世纪 60 年代，有人用添圆弧的办法，得到了一个十分简单的证法*。从雷米欧司提出问题，到找到这个简单的证明，竟用了 100 年之久；而且，人们找到了 60 多个证明，偏偏没有发现这个简单的证明。可见几何证题的变化，实在是太多了。

几何证题既然这么千变万化，人们自然会想：能不能找到一个固定的方法，不管什么几何题到手，都可以用这个方法一步一步地做下去，最后，或者证明它，或者否定它呢?

19 世纪和 20 世纪的大数学家希尔伯特证明：有一类几何命题，可以用一种统一的方法，一步一步地得到最后解答。后来，数学家塔斯基证明：所有的初等几何命题，都可以用机械方法找到解答。可是，他的方法太复杂了，就是用高速电子计算机，也只能证明一些很平常的定理。

我国著名数学家吴文俊，提出了用机器证明几何定理的方法。他用到了我国古代的数学思想和方法。用这个方法，可以在计算机上证明许多相当复杂的定理，还能证明许多微分几何的定理。

用机器证明几何定理，主要的思路是用坐标方法，把几何问题转化成代数问题来解决。要是你有志将来研究这方面的问题，从现在起，就应该学好几何、代数和解析几何的基础知识。

---

* 思路如下：

用反证法。若 $\beta>\alpha$，过 B、E、C 作圆弧，交点 P 一定在 OD 内（因 $\angle PCE=\beta$）。

于是$\angle PCB=\angle PCE+\beta>2\alpha$，

$\therefore PB>CE=BD>PB$，矛盾。（题设两分角线相等）

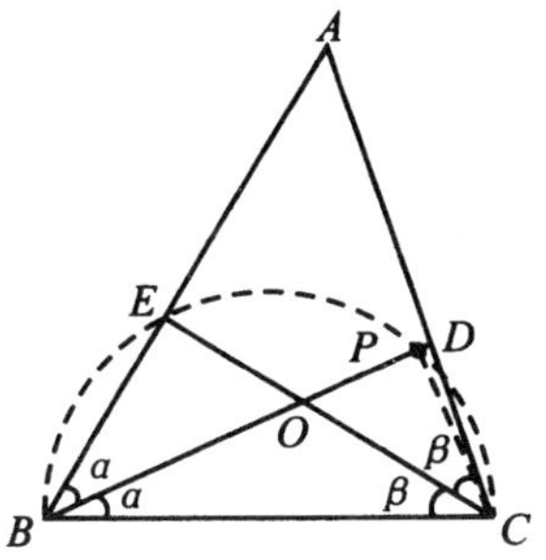

聪明的邻居

你看过“儿子分羊”的故事吗？

这个故事是在阿拉伯民间开始流传的。后来，它传到了世界各国，一次又一次地被编到各种读物中。

故事是这样的：从前有个农民，他有 17 只羊。临终前，他嘱咐把羊分给 3 个儿子。他说：大儿子分一半，二儿子分$\frac{1}{3}$，小儿子分$\frac{1}{9}$，但是不许把羊杀死或者卖掉。3 个儿子没有办法分，就去请教邻居。聪明的邻居带了 1 只羊来给他们，羊就有 18 只了。于是，大儿子分$\frac{1}{2}$，得 9 只；二儿子分$\frac{1}{3}$，得 6 只；小儿子分$\frac{1}{9}$，得 2 只。3 个人共分去 17 只，剩下的 1 只，由邻居带了回去。

这个故事，构思巧妙，情节有趣，已经在全世界广泛流传千年之久了。

在流传中，人们有时把其中的数改变了，故事照样讲得通。我小的时候，就听到过类似的故事：农民不是有 17 只羊，而是有 11 匹马；他给 3 个儿子规定的分配方案是$\frac{1}{2}$、$\frac{1}{4}$和$\frac{1}{6}$。邻居牵来了 1 匹马之后，一共是 12 匹。于是，大儿子分到 6 匹，二儿子分到 3 匹，小儿子分到 2 匹。剩下的 1 匹，仍然可以还给邻居。

有没有不这么凑巧的情况呢？

我们来试试

模仿是学习的开始。

现在，让我们来改动一下这个故事里的数，看看结果会怎样呢？

假设农民还是有 17 只羊，还是给 3 个儿子分，还是大儿子分$\frac{1}{2}$，二儿子分$\frac{1}{3}$，只是小儿子不是分$\frac{1}{9}$，而是分$\frac{1}{6}$了。要是我学习故事中的邻居，牵了 1 只羊送去，结果呢？

结果是大儿子得 9 只，二儿子得 6 只，小儿子得 3 只。18 只羊给分光了，我损失了 1 只羊。

会不会发生相反的情况呢？会的。

假设农民对 17 只羊的分配方案是：大儿子$\frac{1}{3}$，二儿子$\frac{1}{6}$，小儿子$\frac{1}{9}$。要是你送 1 只羊去，大儿子的$\frac{1}{3}$是 6 只，二儿子的$\frac{1}{6}$是 3 只，小儿子的$\frac{1}{9}$是 2 只。这时，18 只羊还剩下 7 只。你要牵走这 7 只羊，一定会发生一场纠纷。

可见，想要充当故事里的聪明角色，并不是那么容易的。模仿也得动脑筋，要先弄清道理，再精打细算，才能避免失败，免得叫人哭笑不得。

要是你忘记了农民有多少只羊，也记不清分配方案，又想向别人讲这个故事，应当怎样把这些失去了的数找回来呢？

列方程求解

你想到列方程了。这个办法好。

要列方程，得先把问题的数学意思，一条一条地弄清楚：

一、农民有 n 只羊。n 是未知的正整数。

二、农民要求大儿子分$\frac{1}{x}$，二儿子分工$\frac{1}{y}$，小儿子分$\frac{1}{z}$。x、y、z 也是 3 个未知的正整数。在这 3 个未知数中，因为 $1>\frac{1}{x}>\frac{1}{y}>\frac{1}{z}$，所以 $1<x<y<z$。(要是 $x=1$，那大儿子一个人就会把所有的羊分走。)

三、牵来 1 只羊之后，羊就能够分配了。这就是说，x、y、z 都能整除 $n+1$。

四、3 个儿子分过之后，还剩下 1 只羊。

根据这些条件，我们就可以来找等量关系，把方程列出来。

大儿子分了多少羊呢？分了 $n+1$ 的 x 分之一，即$\frac{n+1}{x}$。同样，二儿子和小儿子分别分到了$\frac{n+1}{y}$、$\frac{n+1}{z}$。3 个儿子共分了多少羊呢？当然是 n 只羊。

这样，我们就列出了方程：

$$\frac{n+1}{x}+\frac{n+1}{y}+\frac{n+1}{z}=n。$$

两边用 $n+1$ 除，得到

$$\frac{1}{x}+\frac{1}{y}+\frac{1}{z}=\frac{n}{n+1}=1-\frac{1}{n+1}。$$

移项，得到

$$\frac{1}{x}+\frac{1}{y}+\frac{1}{z}+\frac{1}{n+1}=1。$$

换个符号，设 $n+1=w$，得到

$$\frac{1}{x}+\frac{1}{y}+\frac{1}{z}+\frac{1}{w}=1。$$

这里，x、y、z、w 都必须是正整数，而且还得满足两个条件：

一个是 $1<x<y<z\leqslant w$，

一个是 x、y、z 都要能整除 w。

方程到手了。

这个方程，含有 4 个未知数，附加两个条件，是什么方程呀？

这种未知数个数比等式个数多的方程，叫做不定方程。不定方程常常带一些附加条件，作为求解的根据。

根据这个不定方程和它的两个附加条件，就是要找出 4 个正整数，它们的倒数凑起来恰巧是 1；而且其中有一个（w），是另外三个（x、y、z）的整倍数。

这样的方程好解吗？

其实并不难

看来似乎无法下手的问题，想清楚了，原来解题的思路很简单。

我们知道，报名参加跑 100 米的同学很多，举办单位就可以采用初赛、复赛的办法，来选拔优胜者。

解方程 $$\frac{1}{x}+\frac{1}{y}+\frac{1}{z}+\frac{1}{w}=1$$

也可以用这种方法。这就是先根据一部分条件，选出符合要求的；然后，再根据其他条件，淘汰不符合要求的，留下符合要求的。这样一步一步地选拔，最后就可以把 x、y、z、w 的值，全部求出来。这是解不定方程常用的方法。

好。我们分两步走，先找出那些使等式成立的正整数 x、y、z、w；然后，从中间再选，把那些满 x、y、z 整除 w 的找出来。

你看，x 是大于 1 的正整数，它最小是 2。最小是 2，那最大是多少呢？x 越大，$\frac{1}{x}$就越小。因为 y、z、w 都比 x 大，所以$\frac{1}{y}$、$\frac{1}{z}$、$\frac{1}{w}$都比$\frac{1}{x}$小。不过，它们又不能太小，太小了，加起来就凑不够 1 了。一琢磨，$\frac{1}{x}$不能比$\frac{1}{3}$更小，也就是 x 不能大于 3。

为什么呢？

∵ $x<y<z\leqslant w$,

∵ $\frac{1}{x}+\frac{1}{y}+\frac{1}{z}+\frac{1}{w}=1$,

∴ $\frac{1}{x}+\frac{1}{x}+\frac{1}{x}+\frac{1}{x}>\frac{1}{x}+\frac{1}{y}+\frac{1}{z}+\frac{1}{w}=1$。

∴ $\frac{4}{x}>1$，即 $x<4$。

这样，x 不是 2，就是 3 了。也就是说，想要故事讲得通，大儿子必须分到 $\frac{1}{2}$或者$\frac{1}{3}$，不能再少了。

x 定下来，就只有 3 个未知数了。

设 $x=2$，代入$\frac{1}{x}+\frac{1}{y}+\frac{1}{z}+\frac{1}{w}=1$,

得$\frac{1}{y}+\frac{1}{z}+\frac{1}{w}=\frac{1}{2}$。

根据刚才$\frac{1}{x}$不能太小的道理，$\frac{1}{y}$也不能太小。

∵ $y<z\leqslant w$,

∵ $\frac{1}{y}+\frac{1}{z}+\frac{1}{w}=\frac{1}{2}$,

∴ $\frac{1}{y}<\frac{1}{2}$，$\frac{3}{y}>\frac{1}{2}$。

∴ $2<y<6$，即 $y=3$、4、5。

这样，当大儿子分$\frac{1}{2}$时，二儿子只能分$\frac{1}{3}$，或者$\frac{1}{4}$、$\frac{1}{5}$，不能再少了。

设 $x=3$，得$\frac{1}{y}+\frac{1}{z}+\frac{1}{w}=\frac{2}{3}$。

根据同样的道理，得

$\frac{3}{2}<y<\frac{9}{2}$，即 $y=2$、3、4。

$y=2$、3，就小于或者等于 x 了，不合题意，去掉，得 $y=4$。

按照这种办法，我们便可以一步一步，把各种可能的分配方案都找出来。

先想想再看

要是你已经求出全部的解，就不必再看这一节了。

这个不定方程有 7 组解。

找寻这些解的方法，可以用一棵“推理树”表示出来。树根就是 $1<x<4$，树枝就是各种可能（见下页）。

树上 5 个虚线所指，或者因为 $y=z$，或者因为 w 不是整数，或者因为 z 不能整除 w，都不合题意，应该去掉。这样，我们就把这个故事的 7 种讲法，全部找出来了：

讲法	x	y	z	n
①	2	3	7	41
②	2	3	8	23
③	2	3	9	17
④	2	3	12	11
⑤	2	4	5	19
⑥	2	4	6	11
⑦	2	4	8	7

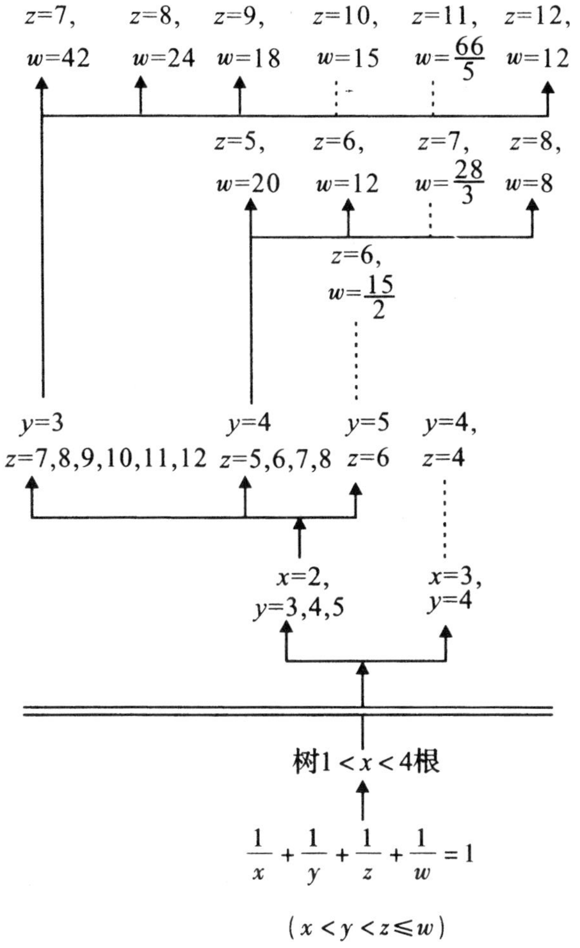

推理树简捷可靠，一目了然，所以有人又把它叫做“智慧树”。

这不算麻烦

你可能觉得这个题目太麻烦了。一个简单的智力游戏，要把它弄清楚，竟有这么多的歪拐曲折。

其实，这算不了什么。很多数学问题，比它要麻烦得多得多。

前面提到的我国数学家吴文俊，在一篇论文中提出了用机器证明几何题的方法。文章中用到了一个平面几何定理作为例题，光是这一个例题，他就演算了一个月之久。

1903 年，在纽约的一次科学报告会上，数学家科尔做了一次不说话的报告。他在黑板上算出了 $2^{67}-1$，又算出了 193707721×761838257287，两个结果相同。他一声不吭地回到了座位上，全场响起了热烈的掌声。原来，他这就回答了一个 200 多年来没有弄清楚的问题：$2^{67}-1$ 是不是素数？他的演算证明了 $2^{67}-1$ 是一个合数。这个几分钟的无声报告，是他花了 3 年中的全部星期天得到的。

至于陈景润，为了研究哥德巴赫猜想，写了一麻袋一麻袋的草稿，这是我们早已知道的了。

所以，你碰到复杂的数学题，既要巧妙构思，寻找简捷的方法；又要步步为营，不怕反复计算。许多简捷的方法，就是人们经过大量的反复计算之后，才总结出来的。

思 考 题

假设故事中的农民有 4 个儿子，类似的问题该怎么解？要是邻居牵来 2 只羊，又该怎么办？

啤酒瓶换酒

儿子分羊的故事虽然有趣，但是在数学上，它并不合理。因为那位农民本来是要大儿子分 17 只羊的$\frac{1}{2}$，而不是 18 只羊的$\frac{1}{2}$。另外，3 个儿子分$\frac{1}{2}$、$\frac{1}{3}$和$\frac{1}{9}$，即使分的不是羊，而是别的东西，或者是钱，也不行。你看：

$\frac{1}{2}+\frac{1}{3}+\frac{1}{9}=\frac{17}{18}$。

可见 3 个儿子分完之后，总会剩下$\frac{1}{18}$。

这$\frac{1}{18}$给谁呢？那位农民没有交代清楚。不知道是不是他临终时头脑不够清楚，没有安排好呢？

这是个智力游戏，不算真正的数学。

不过，那位聪明的邻居先送去 1 只羊，后来又牵回去 1 只羊，这一借一还的妙法，对我们解决一些真正的数学问题，倒是很有启发和帮助的。

你看这个问题。某啤酒厂为了回收酒瓶，规定 3 个空瓶换 1 瓶酒。一个人买了 10 瓶酒，喝完之后，又拿空瓶换酒，问他一共可以再换到多少瓶的酒？

这个问题好解决。10 个空瓶换回 3 瓶酒，还剩 1 个空瓶；喝完后，手里有 4

个空瓶，拿3个又换1瓶酒；喝完后，手里有2个空瓶。要是你以为用空瓶只能换回4瓶的酒，那就错了。

正确的答案是：他可以换回5瓶的酒。因为他只要找朋友借一个空瓶，凑够3个，换回1瓶酒；把酒喝掉，再把空瓶还给人家。所以，他买了10瓶酒，喝到了15瓶的酒。

再多借瓶子行不行呢？不行。为什么呢？原来这一借一还是有数学根据的：

∵　3个空瓶＝1瓶酒，

∵　1瓶酒＝1个空瓶＋1瓶的酒，

∴　3个空瓶＝1个空瓶＋1瓶的酒，

∴　2个空瓶＝1瓶的酒。

你看，10个空瓶，本来就应当换回不带瓶的5瓶酒。借个瓶子，一方面是为了合乎啤酒厂的规定；另一方面，也是说明问题的一个方法。

西瓜子换瓜

类似这样的问题是很多的。

在富饶美丽的新疆，那里盛产甜美可口的瓜果。有一种西瓜，叫做小子瓜，瓜子小得像麦粒，瓜甜得像放了蜜一样。为了大力发展这种优良品种，种瓜的单位决定回收瓜子，贴出了布告：

好消息

交回 1 斤瓜子，免费给 30 斤瓜，吃瓜请留子！

假设 10 斤瓜可以出 1 两瓜子，那么，买回 100 斤瓜，吃瓜留子，以子换瓜，反复地换，总共可以吃到多少斤瓜呢？

我们来算一算看。10 斤瓜出 1 两瓜子，按规定，可以换回 3 斤瓜。所以每斤瓜的瓜子，可换瓜 0.3 斤。

100 斤瓜的瓜子，可换瓜 30 斤；

30 斤瓜的瓜子，又换回瓜 $0.3\times30=9$（斤）；

9 斤瓜的瓜子，又换回瓜 $0.3\times9=2.7$（斤）；

2.7 斤瓜的瓜子，又换回瓜 $0.3\times2.7=0.81$ 斤；

……

我们要算的，就是这样没完没了的一串数的和：

$100+0.3\times100+(0.3)^2\times100+(0.3)^3\times100+\cdots=100(1+0.3+0.3^2+0.3^3+\cdots)$

怎样把这一串没完没了的数加起来呢？

买瓜的顾客开动脑筋，想出了一个巧妙的办法，不但知道了买 100 斤瓜，实际上可以吃到多少瓜，而且当时就把瓜拿到手了。他说：

“同志，请记下账，多给我们一些瓜。多给的瓜，我们明天把瓜子送来抵偿。”

“应当多给多少呢？”

“再给我们 43 斤正好。”

“为什么呢？”

“143 斤瓜，可以出瓜子 1.43 斤。每斤瓜子换 30 斤瓜，1.43 斤瓜子，换 $1.43\times30=42.9$ 斤瓜。四舍五入，不是正好 43 斤嘛。”

“好。这是预支的 43 斤瓜。记住，吃完瓜把 1.43 斤瓜子送来。”

一场交易成功，双方满意。这多给的 43 斤瓜是怎样算出来的呢？其实不过是解一个简单的方程：

设应当多给 x 斤瓜。那么，

∵ $(100+x)$ 斤瓜的瓜子可换回 x 斤瓜，

∴ $0.3\times(100+x)=x$。

∴ $x=\frac{300}{7}=42.857\cdots\approx43$（斤）。

回收破胶鞋

西瓜子换瓜，多一点少一点，问题不大。实际上，10 斤瓜，也很难说准出 1 两瓜子。不过，还有一些类似的问题却很重要，需要合情合理，一五一十，把它们算清楚。

举个例子。我们穿破了的胶鞋，可以卖给废品收购站，转工厂做再生橡胶鞋。假设一批胶鞋用 1 吨橡胶，充分回收破胶鞋后，可得到再生橡胶 0.4 吨，那么，反复回收，1 吨能顶几吨用呢?

回收橡胶不像回收瓜子。西瓜很快就可以吃完，胶鞋卖出去之后，要几年才能回到废品站，最好不要作无限次回收的打算。回收 10 次得几十年。计划要稳妥一点，假定回收 5 次好了。

按 1 吨回收 0.4 吨来算，5 次反复回收，共得：

$(0.4+0.4^2+0.4^3+0.4^4+0.4^5)$ 吨。

算这样的数，你也可以请方程来帮忙。

设 $0.4+0.4^2+0.4^3+0.4^4+0.4^5=x$，

得 $1+0.4+0.4^2+0.4^3+0.4^4=\frac{x}{0.4}$。

再得 $0.4+0.4^2+0.4^3+0.4^4=\frac{x}{0.4}-1$。

∵ $0.4+0.4^2+0.4^3+0.4^4=x-0.4^5$，

∴ $x-0.4^5=\frac{x}{0.4}-1$。

解得 $x=0.4\cdot\frac{1-0.4^5}{1-0.4}\approx 0.66$（吨）。

你看，只要回收 5 次，1 吨橡胶就顶 1.66 吨用，效果不小。

字母代替数

喜欢数学的人，老是爱把一个问题中的具体数换成字母。代数代数，可不就是用字母代替数嘛。

为什么要这样呢？因为只有把那些可以代替任何数，而又不限于代替某个数的字母摆出来，才算是找到了公式或者规律。

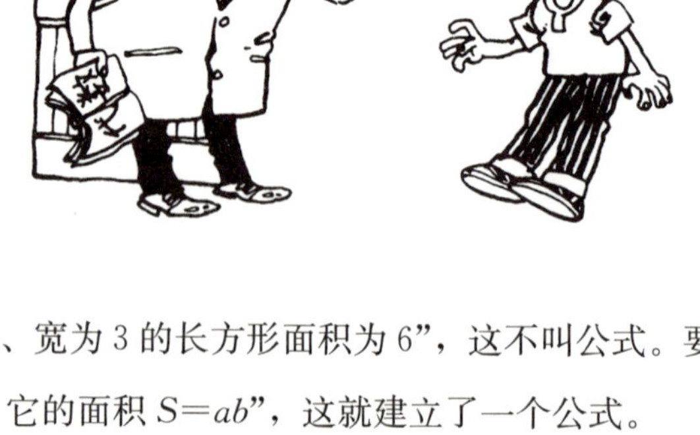

你说“长为 2、宽为 3 的长方形面积为 6”，这不叫公式。要是你说“长为 a、宽为 b 的长方形，它的面积 $S=ab$”，这就建立了一个公式。

你说“2+3 和 3+2 是一样的”，人家听了好笑。要是你说“$a+b=b+a$”，这可就是加法交换律了。

数与字母的关系，是个别与一般的关系。

你说“我昨天晚上刷了牙”，别人不会以为你有良好的卫生习惯。要是你说“我每天晚上刷牙”，那就完全不同了。

你有志学好数学，用好数学，那么，这种把数换成字母的本领，是断断不可少的。

刚才我们算出来的那个等式：

$0.4+0.4^2+0.4^3+0.4^4+0.4^5=x=0.4\cdot\frac{1-0.4^5}{1-0.4}$要是把其中所有的 0.4，都换成字母 a，就得到：

$$a+a^2+a^3+a^4+a^5=a\cdot\frac{1-a^5}{1-a}。$$

这个等式的两边都有因子 a，约掉它，得到一个公式：

$$1+a+a^2+a^3+a^4=\frac{1-a^5}{1-a}。$$

这个公式对不对呢？你可得检验一下才好。因为把数换成字母，和把字母换成数是不一样的。

一个用字母表示的公式或者恒等式，把字母换成合乎要求的数，它总是对的。可是，把两边同样的数换成同样的字母，就不一定对的。比如：

$$3+2=7-2$$

是个恒等式。把两边的 2 换成 b，得到的

$$3+b=7-b$$

就不再是恒等式了。

该怎么办呢

我们刚才用字母换出来的等式

$$1+a+a^2+a^3+a^4=\frac{1-a^5}{1-a}$$

究竟对不对，有两个检查的方法：

一个方法是“顺藤摸瓜”，在最早的式子中，就用 a 代替 0.4；然后依样画葫芦地推，要是能推出同样的结果来，那当然就对了。

你看，我们原来是从设

$$0.4+0.4^2+0.4^3+0.4^4+0.4^5=x$$

开始的。现在，就设

$$a+a^2+a^3+a^4+a^5=x,$$

然后一步一步地照推不误：

两边除 a，得 $1+a+a^2+a^2+a^4=\frac{x}{a}$，

移项，得 $a+a^2+a^3+a^4=\frac{x}{a}-1$，

根据所设，得 $x-a^5=\frac{x}{a}-1$，

所以 $x-\frac{x}{a}=a^5-1$。

只要 $a\neq1$，可以解出 $x=a\cdot\frac{a^5-1}{a-1}$，

也就是 $a+a^2+a^3+a^4+a^5=a\cdot\frac{1-a^5}{1-a}$。

另一个方法是“不纠缠老账”，直接验算等式的两边是不是一回事。在等式 $1+a+a^2+a^3+a^4=\frac{1-a^5}{1-a}$ 中有分式，比较讨厌，化成整式来检查，看是不是有

$(1-a)(1+a+a^2+a^3+a^4)=1-a^5$。

果然：

$(1-a)(1+a+a^2+a^3+a^4)$

$=1+a+a^2+a^3+a^4-a-a^2-a^3-a^4-a^5$

$=1-a^5$。

这种办法比较干脆。可是，你要先找到了等式，然后才能验证。怎么找等式？那你还得要用头一个方法。

再前进一步

可不可以把这个恒等式中的 a^4 的 4 和 a^5 的 5，也换成字母呢？可以。

你自己细心算一算，便会发现，果然有：

$(1-a)(1+a+a^2+a^3+a^4+a^5)=1-a^6$，

$(1-a)(1+a+a^2+a^3)=1-a^4$，

…………

总之，对一切自然数 n，有

$(1-a)(1+a+a^2+\cdots+a^n)=1-a^{n+1}$。

当 n 是 2 和 3 时，便得到了你熟悉的因式分解公式：

$(1-a)(1+a)=1-a^2$，

$(1-a)(1+a+a^2)=1-a^3$。

以后，当你做完一个题目的时候，不妨进一步想想：题目中的一些数，要是能换成字母，又能得到什么结论呢？这样，你做了一个题目之后，便会做一堆类似的题目了！

猴子分桃子

这里有一大堆桃子。这是5只猴子的公共财产。它们要平均分配。

第一只猴子来了。它左等右等，别的猴子都不来，便动手把桃子均分成5堆，还剩了1个。它觉得自己辛苦了，当之无愧地把这1个无法分配的桃子吃掉，只拿走了5堆中的1堆。

第二只猴子来了。它不知道刚才发生的情况，又把桃子均分成5堆，还是多了1个。它吃了这1个，拿1堆走了。

以后，每只猴子来了，都是如此办理。

请问：原来至少有多少桃子？最后至少剩多少桃子？

据说，这个问题是由物理学家狄拉克提出来的。1979 年春天，美籍物理学家李政道，在和中国科学技术大学少年班同学座谈时，也向他们提出过这个题目。当时，谁也没有能够当场作出回答，可见这个题目有点难。

知难而进。你能解这个题目吗?

动脑又动手

做数学题目，光凭脑子想，是不容易找到方法和得到结果的。

好。我们一起来动手写写算算吧。

设原有桃 x 个，最后剩下 y 个。那么，每一只猴子连吃带拿，得到了多少桃子呢？

第一只猴子吃了 1 个，又拿走了（x—1）个的$\frac{1}{5}$，一共得到$\frac{1}{5}$（x－1）＋1 个。它走了，这里留下的桃子还有 $x-\left[\frac{1}{5}(x-1)+1\right]$个，也就是$\frac{4}{5}$（$x$－1）个。

第二只猴子连吃带拿，得到了$\frac{1}{5}\left[\frac{4}{5}(x-1)-1\right]+1$ 个桃子。

当第三只猴子来到时，这里还有$\frac{4}{5}\left[\frac{4}{5}(x-1)-1\right]$，也就是又从原数中减 1 乘$\frac{4}{5}$。

现在，我们找到解题的思路了：每来一只猴子，桃子的数目就来个变化——减 1 乘$\frac{4}{5}$。当第五只猴子来过后，我们已对 x 进行 5 次这样的减 1 乘$\frac{4}{5}$了。

注意：在写的时候，每减 1 之后，要添个括号，再乘$\frac{4}{5}$。这样 5 次之后，便得到了 y。所以，

$$y=\frac{4}{5}\left\{\frac{4}{5}\left[\frac{4}{5}\left[\frac{4}{5}\left[\frac{4}{5}(x-1)-1\right]-1\right]-1\right]-1\right\}。$$

这一堆符号，可真叫人眼花缭乱。要是你耐着性子，一步一步整理，应当得到 $y=\frac{1024}{3125}(x+4)-4$ 这样的一个等式，也就是

$$y+4=\frac{1024}{3125}(x+4)=\frac{4^5}{5^5}(x+4)。$$

从这个式子里，我们不能断定 x 和 y 是多少。不过，因为 x 和 y 都是正整数，而 4^5 和 5^5 的最大公约数是 1，所以 $(x+4)$ 一定可以被 5^5 整除。

这样，我们就可以算出 x 至少是 $5^5-4=3121$；而 y 至少是 $4^5-4=1020$。

方法靠人找

要是你问这五只猴分桃，有没有简单一点的算法呢？回答是有。

狄拉克本人，就提出过一个简单的巧妙解法。据说，数学家怀德海也提出了一个类似的解法。

奇怪的是：狄拉克和怀德海都没有想到，这个问题还有一个十分简单的解法。它只用到一点算术知识，是小学生也能算出来的。

这个简单的解法，它的思路是从前面儿子分羊来的，又是先借后还！

桃子不是分不匀，总要剩下 1 个吗？问题的麻烦，就是因为多了 1 个桃子。

好。你来扮演一个助猴为乐的角色，借给猴子 4 个桃，这不就可以均分成 5 堆了嘛。反正最后还剩 1 大堆，你拿得回来的。

现在，让 5 只猴子再分一次。

桃子虽然多了 4 个，可是第一只猴子并没有从中捞到便宜。因为这时桃子正好可以均分成 5 堆，它拿到的 1 堆，恰巧等于刚才你没有借给它们 4 个桃子时，它连吃带拿的数目。

这样，当第二只猴子到来时，桃子的数目，还是比你没借给它们时多了4个，又正好均分成5堆。所以，第二只猴子得到的桃子，也不多不少，和原来连吃带拿一样多。

第三、第四、第五只猴子到来时，情况也是这样。

5只猴子，每一只都恰好拿走当时桃子总数的$\frac{1}{5}$，剩下$\frac{4}{5}$；而开始的时候，桃子的数目是$x+4$（加上了你借给它们的4个）。这样到了最后，便剩下$\left(\frac{4}{5}\right)^5(x+4)$个桃子，这比剩下的$y$个多4个。所以得到

$$y+4=\left(\frac{4}{5}\right)^5(x+4)。$$

和刚才的结论一样。

因为$y+4$是整数，所以右边的$(x+4)$应当被5^5整除。这样，由$(x+4)$至少是$5^5=3125$，得x至少是3121；y至少是$4^5-4=1020$。

同样的结论，可是得来全不费工夫！

问个为什么

题目做出来了。你不妨再想一想：这一借一还，究竟是怎么回事呢？为什么一下子就把问题简化了呢？

关键在于，猴子每来一次，桃子的数目发生了什么变化？

在你没有借给它们 4 个桃子的时候，那情况是：每来一只猴子之后，桃子数就减 1，再乘$\frac{4}{5}$；来 5 只猴子之后，就等于对 x 进行 5 次减 1，乘$\frac{4}{5}$。

你看，减 1，乘$\frac{4}{5}$；再减 1，乘$\frac{4}{5}$；再减 1，乘$\frac{4}{5}$；再减 1，乘$\frac{4}{5}$；再减 1，乘$\frac{4}{5}$，这一串运算多麻烦。

要是你先借出 4 个桃子，使每一只猴子来拿走$\frac{1}{5}$，然后你再把 4 个桃子拿回来，结果，和前面的计算结果完全一样。这个过程，相当于对桃子数目加 4，乘$\frac{4}{5}$，减 4。也就是减 1，乘$\frac{4}{5}$，相当于加 4，乘$\frac{4}{5}$，减 4。用字母表示，就是

$$\frac{4}{5}(x-1)=\frac{4}{5}(x+4)-4。$$

不信，你算一算，两边确实是恒等的。

这样看来，猴子每来一次，桃子数的变化有两种计算方法：一种是减 1，乘 $\frac{4}{5}$；另一种是加 4，乘 $\frac{4}{5}$，减 4。

后一种计算方法是 3 步，好像更麻烦了。其实，多次连续进行计算，就显出它的优越性来了。你看：

加 4，乘 $\frac{4}{5}$，减 4；加 4，乘 $\frac{4}{5}$，减 4；加 4，乘 $\frac{4}{5}$，减 4；加 4，乘 $\frac{4}{5}$，减 4；加 4，乘 $\frac{4}{5}$，减 4。这中间有四次减 4、加 4 互相抵消，总效果是：

加 4，乘 $\frac{4}{5}$，乘 $\frac{4}{5}$，乘 $\frac{4}{5}$，乘 $\frac{4}{5}$，乘 $\frac{4}{5}$，再减 4。这是一个很好算的过程，那结果，可以一下子写出来：

$y=\left(\frac{4}{5}\right)^5(x+4)-4$。

像这样把一个运算过程，变成另一个形变值不变的运算过程，在数学上叫做相似方法。

思 考 题

1. 设有 m 个桃子，k 只猴子，每只猴子来到之后，把桃子分成 k 堆，还剩下

r 个，它吃掉 r 个之后，又拿走了一堆。这样 k 只猴子都来了之后，至少还有多少桃子？

2. 桌子上有一壶凉开水，其中放了 50 克糖。一个孩子跑来，把糖水倒出一半喝掉，添上 30 克糖，加满水，和匀，走了。这样来过 5 个孩子之后，壶里还有多少糖？来过很多孩子之后，壶里的糖能增加到 100 克吗？

巧用加和减

说起来叫人难以相信。和牛顿同时创立微积分的大数学家莱布尼兹，有一次，竟被一道简单的因式分解题难住了。这个题目是：把 x^4+1，分解成两个二次多项式的乘积。

你会做这个题目吗?

要是你一时分解不出来，请想一下，用配方法分解二次多项式是怎么做的。例如：

$$
\begin{aligned}
& x^2-6x-1 \\
=& x^2-6x+9-9-1 \\
=& x^2-6x+9-10 \\
=& (x-3)^2-(\sqrt{10})^2 \\
=& (x-3+\sqrt{10})(x-3-\sqrt{10})。
\end{aligned}
$$

做这个题目的关键，是加 9 又减 9。加 9，是为了凑成完全平方式；减 9，是为了保证式子的值不改变。这一加一减，变换了代数式的形式，解决了问题。

配方，不限于配常数项，也可以配一次项，配二次项。莱布尼兹没有做出的那个题目，就是用一加一减的配方法解决的。你看：

$$
\begin{aligned}
&x^4+1\\
=&x^4+2x^2+1-2x^2\\
=&(x^2+1)^2-(\sqrt{2x^2})^2\\
=&(x^2+1+\sqrt{2x^2})(x^2+1-\sqrt{2x^2})\\
=&(x^2+\sqrt{2}x+1)(x^2-\sqrt{2}x+1)。
\end{aligned}
$$

为什么这道题难住了莱布尼兹，却难不倒我们呢？原因很简单。我们把前人千辛万苦积累起来的知识，通过课堂和课外学习，用比较少的劳动就拿到了手。我们是站在前人的肩上的，所以显得比前人高。

思　考　题

$x^2-a^2=(x+a)(x-a)$，是一个很重要、很有用的公式。在数学课上，我们是展开右边得到左边的式子的。你能用一加一减的办法，由左边得到右边吗？

二次变一次

一元二次方程和二元一次方程，是两种不同的方程。

你相信吗？用一点一加一减的技巧，我们就可以把一元二次方程变成为二元一次方程。

设一元二次方程

$$x^2+px+q=0$$

的两个根是 x_1 和 x_2。根据根与系数关系的韦达定理，除了有 $x_1x_2=q$，还有：

$$x_1+x_2=-p。\tag{1}$$

要是再找出 x_1-x_2，不就可以列出一个二元一次方程组了吗？

利用差的平方公式和一加一减的技巧，得：

$$\begin{aligned}&(x_1-x_2)^2\\=&x_1^2-2x_1x_2+x_2^2\\=&x_1^2+2x_1x_2+x_2^2-2x_1x_2-2x_1x_2\\=&(x_1+x_2)^2-4x_1x_2。\end{aligned}$$

代入 $x_1+x_2=-p$，$x_1x_2=q$，

得 $(x_1-x_2)^2=p^2-4q$，

即 $x_1-x_2=\pm\sqrt{p^2-4q}$。 (2)

把式（1）和式（2）联立，正好是一个二元一次方程组。你把它解出来，恰好得到二次方程的求根公式！

原来，数学的花园到处是连通的，我们经常可以从不同的出发点，走到同一个地方去。你这样多走一走，熟悉这个花园，也就会更加喜欢这个花园。

有名的怪题

有这么一个故事，曾经在一些国际数学家聚会中流传。他们把这个故事里提出的问题，叫做“看来几乎无法回答的问题”。

现在，我把这个故事写在下边，作一些分析说明。

有一个一元二次方程。它的两个根都是大于1的正整数，而且两根的和不超过40。这个方程写出来是：

$x^2-px+q=0$。

(纸上 p、q 处写的是数。)

有人把写有这个方程的纸条从中间撕开，把带有数 p 的一半给了数学家甲，把带有 q 的另一半给了外地的数学家乙。

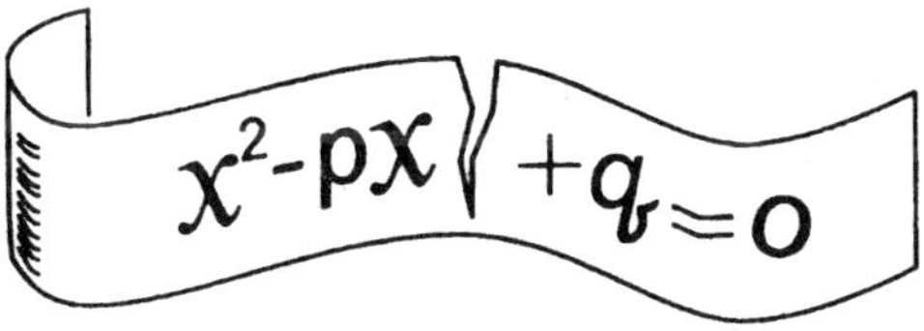

于是，甲知道了两根的和（p），乙知道了两根的积（q）。

过了一会儿，甲打电话告诉乙说："我断定，你一定不知道我手中的 p。"

又过了一会儿，乙回电话说："可是，我已经知道你的 p 是多少了。"

又过了一会儿，甲回电话说："我也知道你的 q 了。"

请问：这个方程的两个根是什么？

这个问题，怪就怪在没有已知数，好像很难。其实，仔细看明问题，经过一番分析，用算术知识便能解答。

关键在于：甲所说的"你一定不知道我手中的 p"意味着什么。

它意味着：p 一定不能写成两个素数的和。

因为 $p=a+b$，要是 a、b 都是素数，那么，乙手中拿到的 q，就有可能是 ab；要是 $q=ab$，q 就只有一种分解因子的方法，乙便知道甲手中的 p 了。

注意！甲断定，乙一定不知道 p。这就是说：乙手里拿的 q，一定不是两个素数的积。也就是说：甲自己拿到的 p，不是两个素数的和。

这样，乙就可以一个一个地检查，在 4 到 40 之中，把不能分成两个素数的和的数，全部找出来。它们是：

11、17、23、27、29、35、37。

现在，乙已经知道甲手中的 p 不外乎是这 7 个数了。

那么，甲、乙手里是什么数时，乙能准确地说出甲手中的 p，同时甲又能准确地说出乙手里的 q 呢？

先看 11。

要是乙手里是 18、24 或者 28，那么，因为

18＝2×9＝3×6，只有 2＋9 在这 7 个数之中；

24＝3×8＝2×12＝4×6，只有 3＋8 在这 7 个数之中；

28＝4×7＝2×14，只有 4＋7 在这 7 个数之中。

可见，乙手里拿到 18、24 或者 28，都能断定甲手中是 11；可是这时，甲却不能断定乙手里是 18，还是 24，还是 28。

所以，甲手里不是 11。

再看 23。

130＝10×13＝5×26＝2×65，只有 10＋13 在这 7 个数之中；

126＝14×9＝7×18＝……只有 14＋9 在这 7 个数之中。

可见乙手里拿到 130 或者 126，都能断定甲手里是 23；可是这时，甲却不能断定乙手里是 130，还是 126。

所以，甲手里不是 23。

同样的道理，甲手里不是 27，不是 29，不是 35，不是 37。最后，只剩下一种可能：甲手里拿到了 17。

甲手里的 p 是 17，乙手里可能拿到：

30＝2×15，42＝3×14，60＝5×12，66＝6×11，

70＝7×10，72＝8×9，52＝4×13。

要是乙拿到 30，30＝5×6，5＋6＝11，乙就不能断定甲拿到的是 11，还是 17。

所以，乙拿到的不是 30。

同样的道理，乙拿到的不是 42，不是 60，也不是 66、70、72。最后，只剩下一种可能：乙拿到的是 52。

52＝4×13＝2×26。因为 2＋26＝28，不在这 7 个数之中，所以乙可以断定甲拿到了 17。

结果，这个方程的两个根是 4 和 13。

以上解决问题的方法叫做枚举法，又叫做穷举法，就是把各种可能加以分析，从中找出解答。

许多实际问题，现在只能用枚举法来解决，这是无可奈何的办法。所以，它也可以算是一种解题的好办法。

你的脸在哪里

记得我 6 岁的时候，姑姑问我一个怪问题："你知道你的脸在哪里吗？"

我想，这还会不知道，用手朝脸上一指说："这不是嘛。"可是她摇摇头说："那是鼻子。"

于是，我把手指挪了个地方，可是她说："那叫腮帮子，不是脸。"

我把手指往旁边挪一下，她说："那是嘴巴。"往上挪呢，她说："那是眼睛。"再往上，"那是前额。"最下面呢，"那是下巴颏儿。"

我窘住了。在自己的脸上，居然找不到脸，真是奇怪了。最后，终于想到了以攻为守，反问起来："那，你的脸在哪儿呢?"

姑姑笑了，说："把我的鼻子、腮帮子、嘴巴、眼睛、前额、下巴颏儿……放在一起，就是我的脸。"

我恍然大悟，知道了什么是脸!

放在一起考虑

在日常生活中，我们常常需要把一些事物放在一起考虑，并且给它一个总称。你看：

樱桃、梨子、苹果、桃……总称为水果；

笔、圆规、三角板、擦字橡皮……总称为文具；

椅子、桌子、书架、床……总称为家具；

A、B、C……X、Y、Z 总称为大写的英文字母；

红、橙、黄、绿、蓝、靛、紫……总称为颜色。

这种总称的办法很重要！要不把樱桃、梨子、苹果、桃……总称一下，一个卖这些东西的商店，该叫什么商店呢？

在数学里，当我们把一些事物放在一起考虑时，便说它们组成了一个“集合”！

集合的意思，和体育老师一吹哨子，把同学们集合起来差不多。我们在头脑里一想，便把很多事物放在一起了！

1、2、3、4、5、6、7、8、9、0，这10个数字，便组成一个集合。

从0到9，每个数字代表一个自然数。把10个数字中的几个排列在一起，还可以表示更大的自然数：10、11、12……这就是全体自然数的集合。

两个自然数相除，得到一个正分数。这样，我们又和全体正分数的集合打起交道来了。

一个集合，总是由一些基本单元组成的。这些基本单元，叫做这个集合的“元素”。

比方说，3是正整数集合的元素，或者说3属于正整数集合；$\frac{1}{3}$是正分数集合的元素，或者说$\frac{1}{3}$属于正分数集合。

在代数里，我们还要和全体有理数的集合，全体实数的集合，所有代数式的集合，一次方程的集合，二次方程的集合打交道。

在几何里，我们又接触到了点的各种集合：直线，线段，圆。还有直线的集合，三角形的集合，多边形的集合，等等。

集合，是数学里最基本的术语之一，也是最重要的概念之一。研究集合的数学，叫做集合论，是现代各门数学的基础！

到处都有集合

除了在数学里遇到集合之外，你还可以毫不费力，举出形形色色的集合来。

走过百货商店，看到橱窗里琳琅满目。这个橱窗里摆的所有的样品，组成一个集合；每一件样品，便是这个集合里的一个元素。

到了教室里，全班45位同学都到齐了，45位同学组成一个集合。这个集合里有45个元素，你也是它的一个元素。班里有20位女同学，这20位女同学也组成一个集合。这个集合比全班同学集合小，只有20个元素；而且这20个元素，又都在全班同学集合的45个元素之中。这样，女同学集合便是全班同学集合的一个“子集合”。

你去过动物园吗？动物园里有许多珍禽异兽：调皮的猴子，可爱的熊猫，凶猛的老虎……它们也组成一个集合。这个集合有多少元素呢？我说不上来，要到动物园去调查一番才能知道。动物园里的动物，又分为哺乳动物、禽鸟、爬虫……它们各自组成一个子集合。

李老师只有一个孩子。李老师的孩子组成一个集合。这个集合里只有一个元素。

所有比10小的素数，组成一个集合。这个集合里只有2、3、5、7四个元素。

所有正偶数组成一个集合：2、4、6、8……无穷无尽，这是一个“无穷集”。线段 AB 上的点，平面上的三角形，所有的一元一次方程，分别都组成无穷集。

也有这样的集合，它里面一个元素也没有，叫做“空集”。方程 $x^2+1=0$ 的所有实根，便组成一个空集。因为方程 $x^2+1=0$，根本就没有实根。

还有这样的集合，它里面有没有元素，有多少元素，至今是一个谜。

地球上有没有一种叫做“雪人”的类人动物，现在还没有定论。这个集合是不是空的，谁也不知道。

在大于 4 的偶数中，有没有这样的偶数，它不能表示成 2 个素数的和？这样的偶数组成一个集合，它也许是空的，也许是有穷的，也许是无穷的。弄清楚这个集合里有没有元素，是有穷个元素，还是无穷个元素，这就是有名的哥德巴赫问题。

许多实际问题、科学问题和数学问题，归根结底，都是要弄清楚某个或者某些集合的情况！

思 考 题

在语文课上，我们逐步熟悉了常用字的集合，常用词的集合，名词的集合，形容词的集合。请你想一想，是不是各门功课，都要和某些集合打交道呢？

鸡和蛋的争论

先有鸡，还是先有蛋？这是一个流传很广的古老问题。人们常把它当做一个无法回答的问题。因为：

说先有鸡，那么，这个鸡从何而来？当然是从蛋里孵出来的，岂不是蛋比鸡早；

说先有蛋，那么，这个蛋从何而来？还不是鸡生的，岂不是鸡比蛋早。

也许你会说：世界上并没有最早的鸡，也没有最早的蛋。鸡生蛋，蛋生鸡，可以上追到无穷远，本来就不存在什么先有鸡，还是先有蛋的问题。

这种说法是不对的。科学告诉我们：万物都有历史。大量的事实证明，地球不是从来就有的，地球上的生物不是从来就有的，鸡也不是从来就有的，地球上确实应当有最早的鸡和最早的蛋。所以，先有鸡，还是先有蛋，这个问题是有意义的。

基督教认为：上帝造人，上帝造一切生物，上帝也造了鸡。既然上帝是造了鸡，那就是先有鸡了。按照这种说法，最早的蛋是鸡生的，而最早的鸡是上帝造的。

这个答案倒简单，可它是错的，因为根本就没有上帝。生物学的研究已经证实：现有的生物是在亿万年漫长的时间里，由无机物到有机物，由无生命到有生命，由单细胞到多细胞，由低级到高级，逐渐进化来的。

具体说，鸟类是由爬行类的一支进化来的；而鸟类中的某一个分支，又演化成了现代的鸡。古往今来的鸡虽然很多，可总是有穷只，它们组成一个“有穷集”。这里面，总有一批是最早的。

怎样从鸟类中演化出鸡的呢？

这是一个渐变过程。简单说：鸡的祖先，因为遗传性的改变产生出一些蛋，这些蛋孵化成最早的鸡。以后，又发生变化，才逐渐出现我们现在看到的鸡。

白马不是马吗

有时候，你会听到这样的话，明明是毫无道理，甚至荒谬绝伦，却又振振有词，一下子难以驳倒。这种话叫做怪论或者诡论。

2000 多年前，我国有一位善于辩论的人叫公孙龙。他有一句有名的怪论，叫做“白马非马”。

白马非马，就是说白马不是马。这不是在胡说嘛，谁能相信白马不是马呢。

可是，公孙龙偏有他的歪道理：要是白马是马，那么，黑马也是马；马又是白马，马又是黑马，那么，黑马就是白马，黑就是白了。岂不荒谬？

这话的毛病出在什么地方呢？

毛病在于：日常说话用的语言，是不精确、不严密的；而同一个词，又往往有不同的含义。我们平时说话，只要能听懂，不误会，也就可以了；要是用来认真地讨论问题，就容易出现漏洞。这就给公孙龙胡说以可乘之机。

好。让我们来分析一下吧。

“是”是什么意思

拿“白马是马”的“是”字来说，常见的有 3 种含义：

一、“是”可以表示一样。3 市尺是 1 米，《阿 Q 正传》的作者是鲁迅……这时，“是”就起了数学中的“等号”的作用。

二、“是”可以表示元素和集合之间的归属关系。在“祖冲之是我国古代的数学家”这句话里，祖冲之是一个数学家，而我国古代的数学家却很多，一个人不能等于很多人，只能属于这很多人组成的集合。

三、“是”可以用来表示两个集合之间的包含关系。在“狗是哺乳动物”这句话里，狗表示一个集合——由所有的狗组成的集合，哺乳动物也表示一个集合。这句话的含义，是说狗集合包含于哺乳动物集合。也就是说，狗集合是哺乳动物集合的一个子集。

一个人兼职太多了，会顾此失彼。一个字的含义太多了，容易造成含糊和混乱。一字多解，在文学作品中是双关语、俏皮话的材料；而在认真的讨论中，有时就成为诡辩的得力工具了。

思 考 题

“是”字还有什么用法？

符号神通广大

我们已经讲过了 5 个重要的数学术语。它们就是：

集合、元素、子集、属于、包含于。

它们的含义和用法，简单地说，就是两句话：

一、集合是由某些事物放在一起组成的，这些事物，都叫做这个集合的元素。比如 a 是集合 M 的元素，便说 a 属于 M。

二、要是甲集合的任一元素都是乙集合的元素，便说甲集合是乙集合的子集，或者说甲集合包含于乙集合，或者说乙集合包含了甲集合。

用 2 个符号，可以把这两句话的意思表示得既准确，又简洁：

一个符号是“$\in$”，读作属于；

一个符号是“$\subseteq$”，读作包含于。

它们都是集合论中的最基本、最重要的专用符号（还有一个重要的符号是“$\subset$”，读作真包含于）。

$\in$ 出现的时候，前面必有一个字母或者其他符号开路，后面必有另一个字母或者符号追随。比如：

$6\in S$，$\frac{1}{10}\in Q$。

一看到这样的 3 个小东西，我们头脑里就要赶快反应：S 是一个集合，6 是 S 的一个元素，6 属于 S；Q 是一个集合，$\frac{1}{10}$是 Q 的一个元素，$\frac{1}{10}$属于 Q。

符号$\subseteq$也必然是前有“探马”，后有“卫士”的。不过，它前后的两个符号都代表集合，不像$\in$那样，前面是元素，后面才是集合。一看见

$A\subseteq B$

就要马上想到：A 包含于 B，A 和 B 都是集合，而且 A 是 B 的子集。

子集的“子”字，使人联想到孩子、儿子。A 是 B 的子集，有点像说：A 是 B 生的孩子。可是，这里有一点不同：孩子总比父母小，而 A 有时却可以和 B 一样！

为什么呢？

再看看子集的定义就清楚了：要是甲集合的任一元素都是乙集合的元素，便说甲集合是乙集合的子集。好，要是乙集合就是甲集合，甲集合的元素当然也是乙集合的元素。所以，按定义，每个集合都是自己的子集，$A\subseteq A$ 永远是对的。

$\in$和$\subseteq$是不能混淆的两个完全不同的符号。

要是既有 $A\subseteq B$，又有 $B\subseteq A$，那说明 A 的元素和 B 的元素完全一样，这时，就说 $A=B$ 了。

初次见到$\in$和$\subseteq$，也许你会觉得奇怪，为什么要用这样的符号呢？用文字不是也能说明白吗？

大量使用符号来代替文字，是数学的一个十分重要的特点。

0、1、2、3……是符号；

$+$、$-$、$\times$、$\div$……是符号；

$\cong$、$\angle$、$\triangle$、$\odot$……是符号；

$\in$和$\subseteq$也是符号。

数学的符号多是有道理的。

首先，数学符号非常简便。a 属于 S，“属于”两字有 10 多画，用符号$\in$只有 2 画，多么方便。别小看了简便。简便可以节省时间，这可不是小事。

符号的第二个好处，是意思清楚、准确。一个符号只有一个确定的含义，是

“专职人员”。在日常语言中，“属于”这个词可用在很多地方：荣誉属于人民，狗属于哺乳动物……而在数学里，符号“∈”只能用于说明集合和它的元素之间的关系！

符号还有第三个优点，它是世界通用的。在翻译数学书时，用符号组成的式子，只要照抄就可以了，这就为科学成果的交流提供了很大的方便。有人曾经设想：要是我们有一天能和外星人取得联系，那么，能够促进这两类语言不通的智慧生物互相理解的东西，在开始的时候，也许只有音乐、图画和数学里的图形与符号。

符号的好处值得一提的，还有它的醒目的特点，能使人在头脑里迅速做出反应。

另外，由于使用了符号，使人们发现了一些新的数学定律、公式和数学分支，这更是符号的大功劳。在这方面，说来话长，这里就不多说了。

不能这样回答

很多事物，因为常见常用、习以为常，大家往往不去多想多问，以为自己已经十分明白了。一旦寻根究底，这才发现，其中，还有好些没有弄清楚的地方。

你早就学过加法。现在问你：什么是相加？

也许你觉得太简单了。加，就是放在一起。3 个苹果和 5 个苹果放在一起，是 8 个苹果。

要是问你：把一只老鼠和一只猫放在一起，猫把老鼠吃掉了，消化掉了，是不是 1+1=1 呢？

当然不是。猫和老鼠放在一起，不是算术里说的放在一起。或者说，算术里的加和生物化学里的加是不一样的。

再问你一个问题：班里组织了航模和无线电两个课余兴趣小组，一个小组有3位同学，另一个小组也有3位同学，这两个小组共有多少同学？

要是你应声答6位，那就错了。

不信，请看两个小组的名单：

航模小组：李华、江明、徐志高；

无线电小组：丁一、李华、林小海。

你数一数，两个小组共有几位同学？一共是5位，因为李华一个人参加了两个小组。

这不是3＋3≠6，而是不能用算术里的相加，来解决这样的问题。

类似的问题很多。例如：

王老师有一个孩子，李老师也有一个孩子，两位老师共有多少孩子？

李华看过21部电影，江明看过17部，两人共看过多少部电影？

对这样的问题，都不能简单地把数一加了事！

一种新的加法

有些放在一起是多少的问题，不能用数的加法来直接计算。

数的加法，只能用在某些放在一起的问题上。第一，放在一起的东西要是同类的。1头牛和1只羊，不能用1+1=2的办法去算。这叫做同名数才能相加。第二，放在一起的两组东西，在它们之间不能有公共成员。你家有3人喜欢数学，5人喜欢文学，就可能只有5人，而不是8人。

这些清规戒律是不可少的。

可是，在实际生活中，我们会经常碰到一些不同名数的东西、几组有公共成员的东西放在一起算的问题。例如：

两个班的同学共订有多少种报刊？

两个动物园共有多少种珍禽异兽？

中国各地共有哪些野生动植物资源？

处理这些问题，就必须有一种不受那些清规戒律约束的加法，这就是集合的加法！

把甲、乙两个集合的元素放在一起，组成一个新的集合丙，丙叫做甲与乙的“和集”。为了区别于数的加法，丙也叫做甲与乙的“并集”，或者简单地叫做

“并”。

也许你会问：一个元素既属于甲又属于乙，那么，它在并集丙中算一个元素，还是算两个元素呢？

当然是一个元素。两个课余兴趣小组在一起开会时，李华虽然参加了两个小组，可是开会时，仍然只给他准备一个座位。各班都订了《中学生》杂志，在统计全校订有的报刊种类时，仍然只算一种。

甲班订了 10 种报刊，乙班也订了 10 种报刊，问甲、乙两班共订了多少种报刊？这就是问并集里有多少元素的问题。

订了多少种报刊呢？这可难说。也许有 20 种，也许有 19 种，也许只有 10 种。这要看甲、乙两班订的同样的报刊有几种。要是有 5 种是一样的，那就共订了 15 种。算法很简单：

10（甲集元素数）＋10（乙集元素数）－5（甲、乙公共元素数）＝15（并集元素数）。

这样，我们就有了一个计算并集元素个数的公式：

（两集元素数的和）－（两集公共元素数）＝（并集元素数）。

这么说起来，要弄清并集里有多少元素，非得知道两集有哪些公共元素不可吗?

对。甲、乙两集的公共元素，也就是那些既属于甲又属于乙的元素，它们组成的集，叫做甲集和乙集的“交集”，或者简单地叫做“交”。并和交，是集合论里的一对基本运算。

思　考　题

1. 有个淘气的同学，给自己算了一笔时间账，发现他简直没时间上课了：

每天睡 8.5 小时，一年睡 129 天还多；

星期日全天和星期六半天不上课，共约 78 天；

两个月暑假和一个月寒假，是 90 天；

每天吃饭用掉 2 小时，共 30 天还多；

每天两小时课外活动，共 30 天还多；

元旦等假日 8 天以上。

以上共有 129＋78＋90＋30＋30＋8＝365（天）。

一年 365 天正好，怎么还能上课呢?

请问这笔账错在哪里了?

2. 全班 36 位同学，数学得 90 分以上的 27 人，语文得 90 分以上的 21 人，两门都得 90 分以上的 18 人，问两门都不满 90 分的有多少人?

什么叫做相交

陈毅是我国的元帅，又是热情奔放的诗人。他曾经风趣地说："在诗人当中，我是一个元帅；在元帅当中，我是一个诗人。"当然，这句话是他的谦逊之词，是说自己既算不得元帅，也算不得诗人。实际上，陈毅是当之无愧的元帅兼诗人。

要是用数学语言来表达，就可以这样说：我国所有的元帅组成一个元帅集合，所有的诗人组成一个诗人集合，陈毅就属于这两个集合的交集。

交集这个词，许多人不知道。可是，交集这个概念，大家实际上常常在用。学校招生的时候，往往列出几个必要的条件，每个条件可以确定一个集合，属于这几个集合的交集，才准报名。

在数学课上，我们更是常常接触到交集。两直线的交点，也就是两直线的公共点。把一条直线看成它上面的点的集合，那么，交点就是两个点集的交集的元素。

你还可以举出，直线和圆相交、空间两平面相交等许多几何中的例子。

有一个有趣的问题：在一粒花生米的表面上，可以找到一条能够一丝不差地贴在乒乓球表面上的曲线吗？

也许你以为这是一个很难的立体几何问题，其实简单得很：把花生米表面和乒乓球表面随便交一下便行了！

不过，对没想到相交的人来说，恐怕就百思不解了。

思 考 题

交集的概念和方程组的解有什么关系？

没有来的请举手

在一次班会上，老师问道：都到齐了吗？没有来的请举手。

这当然是一句玩笑话。要知道哪些同学没有来，只要弄清楚哪些同学来了就可以了。

全班同学组成一个集合，出席同学组成它的一个子集。从全班同学集合中去掉出席同学集合中的元素，剩下的就是缺席的同学，他们组成另一个子集。

把出席子集和缺席子集并起来，恰好是全班同学的集，既不重复，也不遗漏。我们说，这样的两个子集是互补的集合。

说到互补，必须先有一个“全集”。说甲集和乙集互补，是相对于全集说的。刚才说的全集，就是全班同学的集合。

这个互补的意思，在日常生活中，在数学里，都很重要。

现在几点了？9 点差 5 分。这里不说 8 点 55 分，是因为 9 点差 5 分更简明，给人的印象更清楚，这就用到了补的思想。我们在电影上经常看到，公安人员侦破案件时，总是不断地把确证不可能作案的人排除，一步一步地缩小调查范围，这也用到了补的思想。

在学习心算和速算的时候，补数的用途很多。进位加法的口诀是“进一减补”，退位减法的口诀是“退一加补”。乘法速算用到补数的地方也不少。

补的思想还可以再推广：按加法，9 和 1、97 和 3、49 和 51……是互补的；按乘法，0.2 和 5、4 和 0.25……也可以说是互补的，不过，为了避免混淆，我们说它们互为倒数。倒数在速算中也很有用。

在几何里，补角和余角都是互补思想的应用。不过，以直角为标准时不叫互补，而叫互余罢了。

并、交、补是集合之间的 3 类重要运算。它们在逻辑的研究中，在电子计算机的设计和应用中，都有很大的用处！

猜生年的游戏

1983 年是“猪”年。当邮局开始出售一张印有 1 头大肥猪的邮票时，许多集邮迷争相购买，生怕买不到这头“猪”。

为什么要把年与猪联系在一起呢?

这是我国干支纪年的通俗说法，在民间流传已久。它用 12 种动物轮流标记年份，顺序是鼠、牛、虎、兔、龙、蛇、马、羊、猴、鸡、狗、猪。

1983 年是猪年，1982 年便是狗年，1984 年便是鼠年。要是你是上一个猪年——1971 年生的，到 1983 年这个猪年的生日那天，便是 12 周岁。

一个人出生那年是猪年，他的生肖便是猪，也说他属猪。类似的，属牛、属狗等等。生肖比年代形象好记。知道了一个人是属猪或者属狗，就容易推算出他的年龄。要是推算错了，一错就是 12 岁，很容易发现。

下面，讲一个猜生肖的游戏。

把这 12 种动物画在一张纸上，如图：

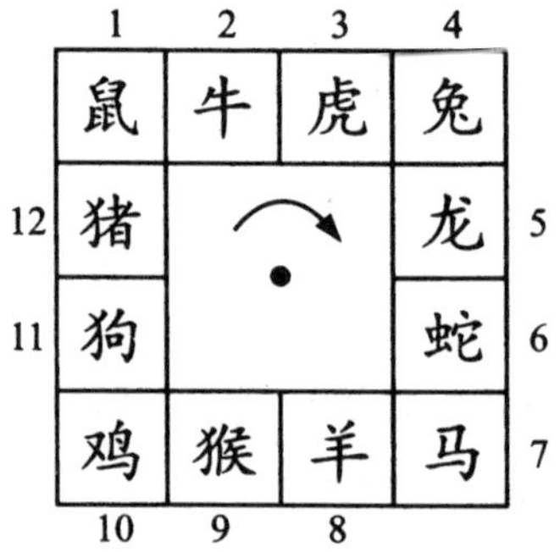

取一张同样大小的卡片，在上面挖 6 个洞，如图：

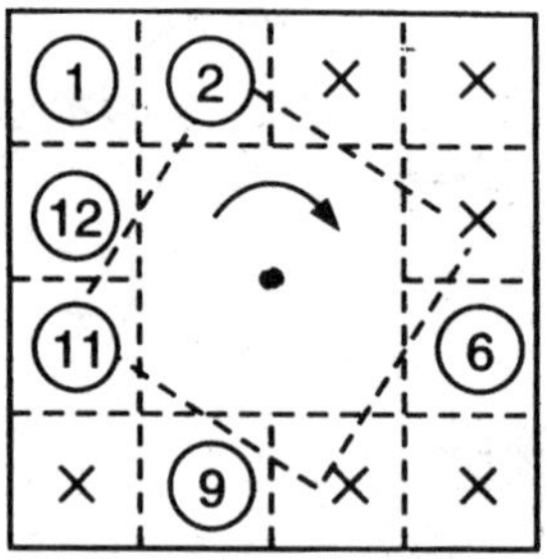

把卡片盖在十二生肖图上，能看见的 6 个是鼠、牛、蛇、猴、狗、猪，就是 1、2、6、9、11、12。请你的一位朋友来，只要问答 4 次，你便能准确地说出他的生肖来。具体玩法是：

把卡片盖在图上，问："现在能看见你的生肖吗?"你的朋友说"能"，你便记个"0"在一张纸上；说"不能"，便记个"×"。当然，如果你记性好，不用纸笔，在心里记下，游戏的效果就更好了。

然后，把卡片顺时针方向转 90°，再问一次。这时，洞里露出来的 6 个是兔、龙、猴、猪、牛、虎。因为这么一转，对应的号码都加了 3，而加 3 后大于 12 的再减 12，于是，1→4，2→5，6→9，9→12，11→14→2，12→15→3，洞里露出的便是兔、龙、猴、猪、牛、虎了。

再转 90°，问一次；再转 90°，问一次。根据 4 次回答，你马上可以定出他的生肖来。要是 4 次回答是“0×××”，那他就属鼠。

为什么呢?

你这样转动 4 次，反复试试，容易发现卡片洞设计得很好：

(1) 在 4 个角上的鼠、兔、马、鸡，都只出现 1 次；依次靠后的牛、龙、羊、狗，都要出现 2 次；再依次靠后的虎、蛇、猴、猪，都要出现 3 次。这就把十二生肖的出现等分成 3 类；而且每一类中的 4 个，出现的先后又正好不一样。要是 4 次回答中只有一个“0”，而且是第一次出现，那肯定就是鼠了。

(2) 回答只可能有 12 种，而且各自对应一个生肖，既不重复，也不遗漏。所以，你能根据回答的情况，准确给出答案。4 次回答与十二生肖的关系，列个表就清楚了：

0	×	×	×	鼠	(1)；	×	0	×	×	兔	(4)；
×	×	0	×	马	(7)；	×	×	×	0	鸡	(10)；
0	0	×	×	牛	(2)；	×	0	0	×	龙	(5)；
×	×	0	0	羊	(8)；	0	×	×	0	狗	(11)；
×	0	0	0	虎	(3)；	0	×	0	0	蛇	(6)；
0	0	×	0	猴	(9)；	0	0	0	×	猪	(12)。

把这个表简化一下，得到：

0	1	4	7	10
00	2	5	8	11
000	3	6	9	12

农村赶集有 1、4、7、2、5、8、3、6、9 的规定，再把 10、11、12 依次放

在后面，就记住了这个表。

思　考　题

这个猜生肖的游戏，你能用集合的补和交，把它的道理说清楚吗？

怎样设计卡片

也许你会问，猜生肖游戏的解答表，怎么那么有规律？它是怎么设计出来的呢？

你看，在卡片转动的时候，角总是落在角上。我们要是只在卡片的左上角挖1个洞，当它转动的时候，顺次看见的只有鼠、兔、马、鸡。

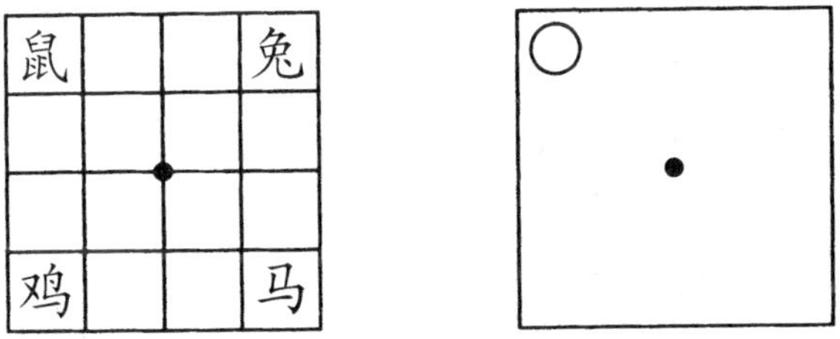

所以，鼠就是0×××，兔就是×0××，马就是××0×，鸡就是×××0。

这只解决了4个，那8个怎么办呢？卡片上可只有4个角呀。

你多想想，再细看看，原来牛、龙、羊、狗这4个，也分布在一个正方形的4个角上，只不过这个正方形没有画出来，不惹人注意罢了。

当卡片转动的时候，这个看不见的正方形，角也是落到角上的。在这四个角上也挖1个洞，不是又把牛、龙、羊、狗解决了。不过，这次在4个角只挖1个洞，就太粗心了。比如在牛的位置挖个洞，卡片转动 4 次，牛就是 0×××，牛和鼠就没有区别了。

怎么办呢?

在这 4 个角上挖 2 个洞就解决了。有了 2 个洞，在卡片转动 4 次中，牛、龙、狗、羊都会出现 2 次，这就和鼠、兔、鸡、马有区别了。

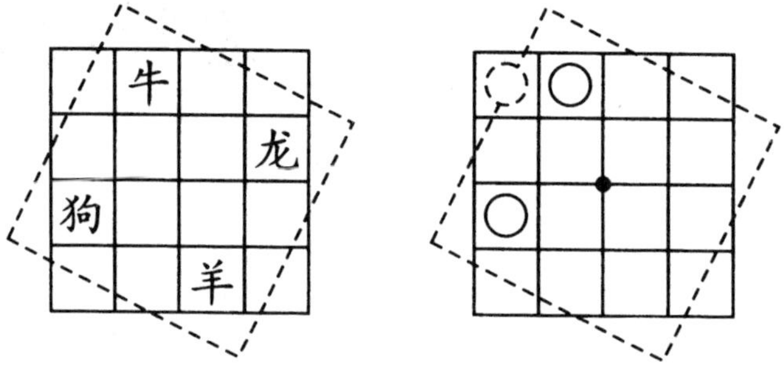

卡片上多了这 2 个洞，会不会影响鼠、兔、马、鸡的代号呢?

不会。这 2 个洞，是怎么也不会落到原来的角上去的。

最后剩下的虎、蛇、猴、猪 4 个，也正好在一个正方形的 4 个角上，只要在 4 个角上挖 3 个洞就行了。

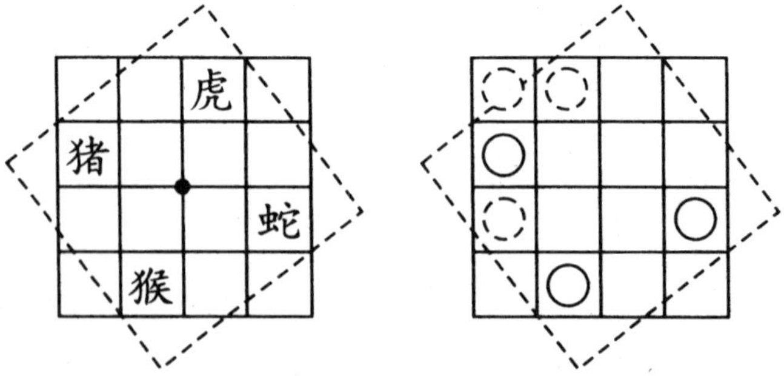

要注意的是那 6 个洞，可以有多种多样的挖法。上面说的，只是其中的一个。

思 考 题

请你想一想，卡片上的洞有多少种不同的设计方法？在应用时可以有多少种变化？这个游戏和集合的并有什么联系？

怎样分配钥匙

重要的东西放在柜子里，往往要上锁。

要是 2 个人共同保管一柜子重要东西，为了慎重，放上 2 把锁，2 人各拿 1 把锁的钥匙。这样，只有 2 人同时在场，才能打开。

要是 3 个人共同保管，并且规定：只要 2 人在场，便可以打开柜子，而 1 个人是打不开的，应当怎么办呢？

容易想到：可以用 3 把锁，每人拿 2 把钥匙。甲、乙、丙 3 个人，A、B、C3 把锁，甲拿 A、B 的，乙拿 A、C 的，丙拿 B、C 的。这样，谁来了也不能开 3 把锁，可是任意 2 个人来，就可以了。

更复杂一些，一个办公室有 4 个人，规定够 3 个人才能开那个文件柜，那么，至少要用几把锁？钥匙又应当怎样分配呢？

也许你会说，这还不简单，3 个人用 3 把锁，4 个人用 4 把锁好了。每人拿 3 把钥匙，不就可以了吗？

仔细一想，不行。4 人当中，谁也不能拿 3 把钥匙。要是甲拿了 3 把，而第四把在乙手里，岂不是甲、乙 2 人就把门打开了嘛。

类似的道理，谁也不能只拿 1 把。

如果甲拿了 A，另外 3 个人手里都不可能有 A。不然，如果乙手里有 A，甲、乙、丙 3 人能开，乙、丙 2 人就也能开了。这样，乙、丙、丁 3 人就是丁不开了！因为谁也没有 A。

既然谁都不能拿 1 把或者 3 把，那就只剩下每人 2 把这一种可能了。每人 2 把行不行呢？

要是甲拿到 A、B 2 把，那么，另外 3 人中也有 A、B，否则 3 人来了怎么开呢？设乙、丙在一起就有了 A、B，既然甲、乙、丙 3 人能开锁，乙、丙 2 人也能开了。所以，4 把锁是不够的。

5 把锁呢？可以证明，5 把也不行。想实现提出的要求，至少要 6 把锁，钥匙的具体分配方案是：

甲：A、B、C；乙：C、D、E；丙：E、F、A；丁：B、D、F。

思 考 题

为什么 5 把锁不行？用 6 把锁时，还有没有其他分配钥匙的方法？请你想一想，能不能运用集合的交、并、补，把这两个问题说清楚。

驯鹿有多少只

以前，在北方的寒冷地带，生活着一些原始部族。他们常常养着许多驯鹿，就和农牧民养马、驴、牛、羊一样。

一天，一位远方的客人来到了这里。主人淳朴好客，盛情招待之后，又请客人参观自己的驯鹿群。客人在赞美主人的勤劳和富足之后，提出了一个问题：尊敬的主人，你家有多少头驯鹿呢？

这使主人有点为难了。他说：我们并不经常清点驯鹿的总数。要是有 1 头驯鹿跑出去，我们看见了，会把它赶回来。不过，既然尊贵的客人希望知道驯鹿的数目，我一定让客人满意。

于是，他喊来了妻子、2 个儿子和 1 个女儿。他想了想，又请来了 3 位邻人。大家知道了原因，都热情地表示愿意帮助清点驯鹿。他们伸出了自己的双手。

主人把驯鹿放出栏外，再 1 头 1 头地赶回来，每回来 1 头，便有人屈回 1 个手指。最后，主人得意地向客人说：看见了吧，我的驯鹿比 7 个人的手指头还多 4 头呢。

这便是许多原始部族的计数方法。

我们的祖先，很久以前也是这样计数的。正是因为每个人有 10 个指头，所以世界各地的人们，差不多都不约而同地用了十进位的记数方法。在有些惯于赤脚的部族，也有把脚趾用上的，这就是二十进位的“赤脚算术”。

寒冷地方的原始部族只用手指，因为那里的天气太冷了，打赤脚是不行的。

这个办法真好

也许你认为原始部族在计数方面太不高明了，简直和一年级的小学生差不多。可是，他们计算数时所用的基本原则，却是非常科学的！这个原则就是：要是在两个集合的元素之间可以建立起一一对应关系，那么，这两个集合的元素便是一样多的！

一群驯鹿组成了集合 A，一些手指组成了集合 B，1 头驯鹿对 1 个手指，既不重复，又不遗漏，这就在 A、B 两个集合之间，建立了一一对应，我们就知道了：有多少手指，便有多少驯鹿！现在，这里是 7 个人的手指外加 4 个手指，驯鹿便是这么多——74 头。

一一对应，非常有用！而且，即使不知道一一对应这个词，人们也经常用到它。

学校包了一场电影。同学们纷纷挤在电影院里。带队的同学很着急，怕椅子不够坐。于是，他宣布不分年级和班组，一个挨一个坐下。结果，椅子正好够坐。

夏天，你吃过清凉的人丹。1 包人丹是 50 粒，这 50 粒是怎样不多不少地装进去的呢？原来女工手里拿 1 个带把的小竹板，竹板上刻有半球形的 50 个小窝窝。她把竹板在人丹堆里一抄，每个窝里有 1 粒人丹，于是：不多也不少，正好 50 粒。这正像人们常说的：一个萝卜一个坑。

到图书馆去借书，要先查阅图书卡片。书库里有一种书，卡片箱里就有一张卡片，卡片上写着书名、作者、页数……这也是一一对应。这种对应，方便了读者。

到了一个大城市，最好准备一张市区交通地图。市里的街道、电车路线、公共汽车路线，在图上一目了然，这也是一一对应。这种对应，方便了旅客。

用一一对应的思想和方法，还可以使不好计数的变得容易计数，不易掌握的变得容易掌握，不好理解的变得容易理解。

下面的这个智力游戏，就可以用一一对应的思想来解决：

国际象棋盘有 64 个方格，黑白相间，把左上角和右下角的方格各剪去一个，能不能把剩下的 62 个方格，剪成 31 个长为 2、宽为 1 的长方形呢？

你应当在 1 分钟之内回答：不行。因为剪去的 2 个方格颜色相同，剩下的方格，黑方格和白方格不能一一对应了，而每个 2×1 的长方形，必须是一黑一白！

思考题

教室里有7排椅子，每排有7个座位，49位同学每人1个位子，能不能调换一下位置，使每人都坐到相邻的（前、后、左、右）位置上去？

巧排诗的窍门

白日依山尽，黄河入海流。
欲穷千里目，更上一层楼。

唐朝王之涣的这首诗，20 个字便写出了黄昏日落时，祖国山河苍茫壮阔的景象。

一天，丁丁用 20 张小卡片，分别写了这 20 个字，叠成一叠拿在手上。最上面一张是“白”字。

他把“白”字放在桌上，然后一张一张地把最上面的卡片移到最下面。移掉6张之后，便出现了“日”字。

又这样移掉6张，“依”字又出现了。以后，每从上移下6张，便出现了诗句中的下一个字。最后剩在手里的，是“楼”字。在旁观看的同学感到奇怪：他预先是按什么顺序把卡片排好的呢？

动手计算，要花不少时间。利用一一对应，却有一个简单的排法：

在纸上画一排20个方格，在最左面的方格里写上号码1，空6个格写2，再空6个格写3；在3的右边，现在只有5个空格了，再接着从左边留空格1个，然后写4，以后继续这样数下去。每跳过6个空格，就顺序填一个号码，直到20。

1							2							3					

1	10	4	14	13	15	12	2	7	9	5	18	16	11	3	19	20	8	6	17

最后，把诗中的20个字，按顺序编上号码，再按纸上排好的号码顺序叠成一叠，自上而下是：

白流山里千目穷日河海尽一更欲依层楼入黄上

这个有趣的游戏，还有种种不同的玩法。可以用不同的诗，或者要求把扑克牌这样一张张地按指定的顺序出现。而且，也不一定每隔6张抽1张。可以先隔1张抽1张，再隔2张抽1张，然后隔3张抽1张，就显得更有趣了。

这样把20个字的顺序重排一下，也就是把一个集合的20个元素，和自己一一对应了一下。这种集合到自身的一一对应，叫做“置换”。在数学中，置换是一种很有用的一一对应。

思 考 题

李华能熟练地把打乱了的魔方还原为6面单色。一天，小王拿了1个打乱了的魔方问李华：你能把你手中的魔方打乱得和我这个一模一样吗？李华一下子被难住了。过了几分钟，他便想到了一个必然成功的方法。你知道他用的是什么方法吗？

重视先后顺序

巧排成诗的游戏，关键在于顺序。一首好诗，把字的顺序打乱，就不成为诗了。

事物的顺序，有时候是很重要的。打扑克牌，能不能得到胜利，要看出牌的顺序。下象棋，先走什么，后走什么，也很有讲究。

学化学，门捷列夫的元素周期表很重要。门捷列夫是怎样发现周期表的呢？他是把几十种元素，按原子量的大小，自小而大排成顺序，才发现了这个表的。

有时候，顺序本身并不重要。可是，为了方便，还是要排个先后。报纸上登载出席一些重要会议的人员名单，常常加上一句说明：按姓氏笔画为序。这就是说，顺序本身，不包含什么意义。因为总得有个先后，不然怎么印报和读报呢。

英文字母是从 A、B、C 开始的。这是个习惯，没有多少道理。不规定个顺序，可怎么查字典呢。

在生活里，买东西、乘车、人多了要排队，是文明的表现。

在数学里，数有大小，运算要先乘除后加减……也常常要用到顺序。

集合里的元素，本来无所谓先后顺序。有时为了处理问题方便，需要分个谁先谁后，排成一定的顺序。这种规定了元素之间的先后顺序的集合，叫做“有序集”。

同一个集合里，可以按照不同的标准，排成不同的有序集。

全班同学，在集合的时候，按个子高矮排成了一队，高个子在前面，这就成了一个有序集。可是在长跑的时候，跑得快的就到了前面，又形成了另一个有序集。

三次多项式的四项，按升幂排列成为一个有序集，按降幂排列成为另一个有序集。

在 2 个有序集之间建立一一对应，有时候顺序可能打乱了。要是顺序不打乱，前面的对应前面的，后面的对应后面的，这种不打乱顺序的一一对应，叫做“相似对应”。

我们用手指来数东西：1、2、3……这个数的过程，也就给一堆东西排了某种顺序。这个新排成的有序集，和一些自然数 1、2、3……也就建立了相似对应。

要是这堆东西本来已有顺序，而这个顺序和数的先后次序不一定一样时，这种对应，就不是相似对应了。

顺序，在几何里也很重要。在学相似形的时候，就要注意 2 个图形中的点的排列顺序。

请问什么是 1

1 是什么，这还用问吗？1，就是 1 把、1 只……1 把椅子、1 只羊……

那么，1 到底是 1 把椅子，还是 1 只羊呢？

它既不是 1 把椅子，也不是 1 只羊；可它既可以代表 1 把椅子，也可以代表 1 只羊。

不是嘛，1+1=2 这个等式，既可以用来说明 1 把椅子和另 1 把椅子放在一起，就是 2 把椅子；也可以表示 1 只羊和另 1 只羊放在一起，就是 2 只羊。

同样，可以问什么是 3？什么是 4？什么是自然数？

这个问题很重要。有了自然数，才有分数，才有有理数，才有实数，才有复数。我们学数学，是从 1、2、3、4 开始的。

几何也离不开数。线段的长度、三角形的面积、角的大小、相似形的相似比，都是数。而数，归根到底要从 1、2、3、4 说起。

还有比 1、2、3、4 更基本的吗？回答是有。这就是集合！

我们可以利用一一对应，对集合进行分类。要是甲、乙两个集合可以一一对应，便归成一类。自然，同一类的集合，它们的元素是一样多的。

元素最少的那一类，只有 1 个集合——空集。我们说，空集的元素的数目是 0。

有一类集合，它的元素比空集的元素多，比别的类集合元素少。我们就说它是 1。1 就是最小的非空集的元素个数。

把这一类除去，最小的一类，它的元素个数就是 2。这样，自然数便可以依次产生了！

总之，把所有的有限集分成许多类，能够一一对应的才算是同类。把这些类，按元素的多少，由小到大排成顺序，每类给它一个符号，来表示它的元素的多少，这些符号，按我们的习惯写成 1、2、3……这便是自然数。

说集合论是现代各门数学的基础，这是一个重要的原因！

用尺子来运算

你的文具盒里，有没有带刻度的小直尺？直尺上每个刻痕旁有一个数：1、2、3……这也是一一对应，数和点的对应。

利用这个对应关系，有两把直尺，便能计算加法。

如图，把两把尺一正一反地对好，上面尺子的刻度 5 对准下面尺子的刻度 4，上尺端的 0 便对准了下尺的刻度 9，这说明 4+5=9。

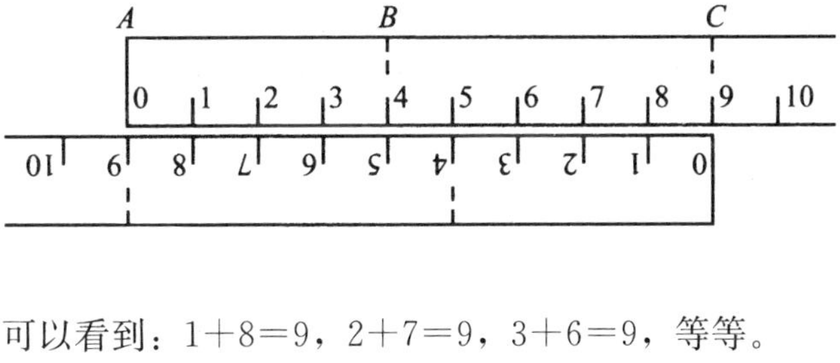

从上图还可以看到：1+8=9，2+7=9，3+6=9，等等。

道理很简单，看上尺，AB 长为 4 格；看下尺，BC 长为 5 格；上下一同看，$AC=AB+BC=90$，这不过是把数的相加化成线段的相加罢了。

还可以换一个眼光看，从 A 开始，上尺是 0，下尺是 9，0+9=9；每向右移 1 格，上尺刻度加 1，下尺刻度减 1，一加一减，总和不变，仍然是 9。

尺子也能算正负数。不过，常用的尺子上没有负数的刻度。你可以用牙膏纸盒的硬纸条做 2 根带正负数的尺子，这尺子就像书里讲的数轴了。

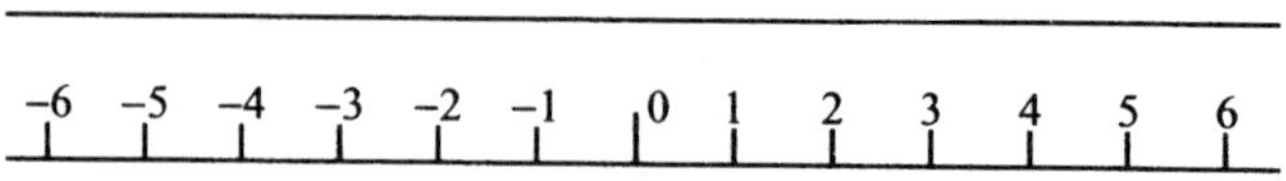

仍然用刚才的办法，就能算正负数的加法。如下图，说明（－1）＋（－2）＝－3，7＋（－10）＝－3，等等。

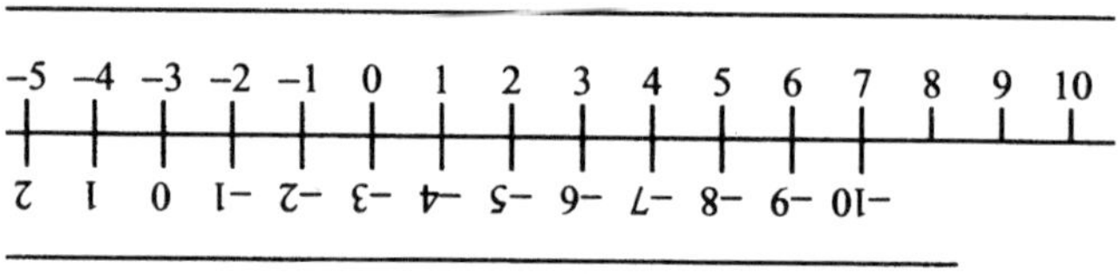

用尺子能算乘法吗？

也能。只要把尺子上的数改一下就可以了。这就是把 0 改成 1，1 改成 2，2 改成 4，3 改成 8，－1 改成 0.5，－2 改成 0.25……这一改，刚才的加法就变成了乘法：

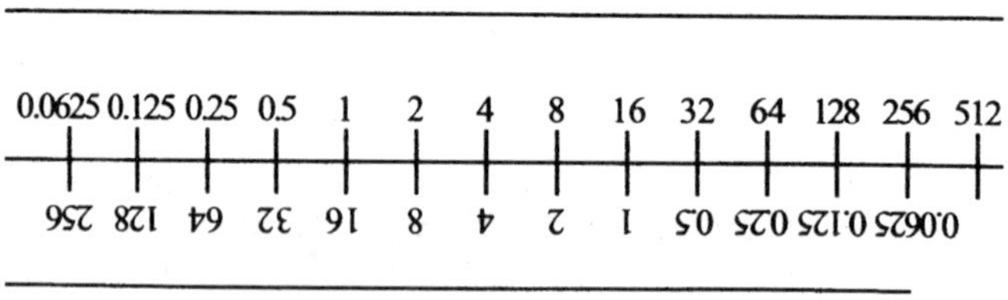

如上图，上尺的 128 对准下尺的 0.125，上尺的 1 正对着下尺的 16，答案就是 128×0.125＝16。另外，2×8＝16，4×4＝16，32×0.5＝16，等等。

这个道理也很简单。1 和 16 相对，1×16＝16；向右移 1 格，1 加一倍变成 2，16 减一半变成 8，两者一乘，等于不加不减：

$1\times16=1\times2\times\frac{1}{2}\times16=2\times8$。

再向右移，每移 1 格，上尺的刻度数乘 2，下尺的刻度数除以 2，一乘一除抵消，乘积不变。

思 考 题

能用本节讲的方法计算减法、除法和比例吗？

老伯伯买东西

一位老伯伯带了10元钱买东西。他把这10元钱分成10份，分别包在10个小纸包里。

他要买的东西的价钱是多少呢？不知道。也许是1分钱，也许是几元几角几分。他得意的是：从1分到10元，不管是多少，他都能从这10包中挑出几包来付钱，不用找钱。

请你想想，这可能吗？要是可能，这10包钱各是多少，才能搭配出1000种

钱数呢?

从简单的情况开始。这是解决数学问题常用的方法。

必须有这么 1 包，包 1 分钱。不然，买 1 分钱的东西怎么办呢?

为了能买 2 分钱的东西，有 2 种方法。一种方法是再包一个 1 分钱的包，另一种方法是再包一个 2 分钱的包。哪种方法好呢? 当然是包一个 2 分钱的包好。因为这样可以买 2 分钱的东西，也可以和那个 1 分钱的包合起来，买 3 分钱的东西。

下一步，我们要考虑怎么能买到 4 分钱的东西。这可以有 4 种办法:

增加一个 1 分钱的小包，可买 1～4 分钱的东西;

增加一个 2 分钱的小包，可买 1～5 分钱的东西;

增加一个 3 分钱的小包，可买 1～6 分钱的东西;

增加一个 4 分钱的小包，可买 1～7 分钱的东西。

当然是第四个办法好。

下一步，为了买 8 分钱的东西，我们要增加一个什么样的包呢? 想一下刚才的包法——1 分，2 分，4 分，很自然会想到 8 分。

这样，我们发现规律了: 一包比一包多 1 倍。

可是，从 8 分到 10 元，相差还很大，而我们已经包了 4 包，只剩 6 包了，行吗? 为了放心，具体算一算好。

第五包，1 角 6 分，5 包可以买 1 分至 3 角 1 分的东西;

第六包，3 角 2 分，可买 1 分至 6 角 3 分的东西;

第七包，6 角 4 分，可买 1 分至 1 元 2 角 7 分……

第八包，1 元 2 角 8 分，可买 1 分至 2 元 5 角 5 分……

第九包，2 元 5 角 6 分，可买 1 分至 5 元 1 角 1 分……

第十包，按规律，应当是 5 元 1 角 2 分。可是，老伯伯只有 10 元钱，前 9 包已包了 5 元 1 角 1 分，剩下的只有 4 元 8 角 9 分，这就是第十包。

你还不放心，可再算一遍，看看这样包，能不能搭配出从 1 分到 10 元的这 1000 种钱数。

要是老伯伯再多2角3分，一共是10元2角3分，这个题就更漂亮了：把10元2角3分钱分成10包，从中间取若干包，可以搭配出1分，2分，直到10元2角3分，共1023种不同的钱数。连0算在内，共1024种。

能不能更多呢

把这 10 个纸包看成一个集合，每个纸包便是这个集合的一个元素。从 10 个元素中任取几个元素，便可组成一个子集。

问题在于，这个有 10 个元素的集合，有多少子集呢？要是它的子集不超过 1024 个，我们就不能指望它搭配出比 1024 种更多的钱数。

让我们从头算起：

空集，它的元素是 0 个，子集是 1 个，就是它自己——空集；

1 个元素的集合，有 2 个子集：空集和它自己；

2 个元素的集合，比方这两个元素是甲、乙，它有 4 个子集：空，甲、乙，甲，乙。

添一个元素丙，变成 3 个元素的集合时，原来的 4 个子集还是子集，这 4 个子集分别配上元素丙，于是又多了 4 个子集，一共 8 个。

哈，我们又找到规律了：每加 1 个元素，子集的个数便翻一番！因为，原来有多少子集，配上这新来的元素，便又产生同样多的新的子集，可不是正好加一倍嘛！

这样，3 个元素的集有 8 个子集，4 个元素的集有 16 个子集，5 个元素的集有 32 个子集，n 个元素的集有 2^n 个子集。子集比集合的元素多得多！

10 个元素的集合，它的子集的个数恰好是 $2^{10}=1024$，其中有一个空集。

所以，老伯伯把 10 元 2 角 3 分钱分成 10 包，用来搭配出 1 分到 10 元 2 角 3 分这 1023 种钱数，实在是太巧不过了。要是只有 10 元钱，便没有很好地利用这么多的子集。如果把 10 元 2 角 5 分钱分成 10 包，无论怎么包法，也搭配不出 1025 种钱数来。

思 考 题

要是你有 3 元 4 角 7 分钱，请问分成几个钱包，能配搭出的钱数最多？

有用的二进制

学习委员赵千，为了给大家办理下半年的报刊预订，画了一张表。

每位同学，每种报刊，也许不订，也许订一份。这个表填起来很方便。只要看清报刊的排列顺序，每人只要喊一声就行了。张明说，我要的是 110101，赵千就知道，他除了《少年文史报》和《中学生》，另外 4 种都要订。

姓名 / 份数 / 报刊	张明	万有玉	李铁	丁丁	王小玲
中国少年报	1	0	1	1	0
中学生学习报	1	1	1	0	0
少年文史报	0	1	1	0	0
我们爱科学	1	0	1	0	1
中学生	0	1	1	0	0
少年文艺	1	0	1	1	0

这里的 0 是不可少的。比如王小玲只说个 1，谁知道她订哪一种呢?

6 种报刊组成一个集合，每人订阅的，是一个子集合。用 1 和 0 的不同排列顺序，来表示每一个子集合，是一个非常简便的方法。

老伯伯买东西，从 10 个钱包里取哪几个，也可以用这样的办法来表示。

从下表可看出，要买价格为 3.49 元的东西，只要拿 6 包，代号是 0101011101；买 1.12 元的东西，要拿 3 包，代号是 0001110000。

	5.12	2.56	1.28	.64	.32	.16	.08	.04	.02	.01
3.49	0	1	0	1	0	1	1	1	0	1
.63	0	0	0	0	1	1	1	1	1	1
10.11	1	1	1	1	1	1	0	0	1	1
1.12	0	0	0	1	1	1	0	0	0	0

要是不以元为基本单位，而以分为基本单位，也就可以说，349 的代号是 0101011101，112 的代号是 0001110000。

这里，1 的价值随位置的变化而变化。最右边的 1，就代表 1，第二个位置的 1 代表 2，第三个代表 4，第四个代表 8，越向左边，越了不起。

可是，0 到了最左边，反而没用了，干脆省掉。112 就用 1110000 表示，349 就用 101011101 表示。这样用 1 和 0 排起队来表示一个数的方法，叫做二进制记数法！

17～18 世纪的德国数学家莱布尼兹，是世界上第一个提出二进记数法的人。用二进记数，只用 0 和 1 两个符号，可算是最简单的记数法了。可是，大一点的数写起来太长，39 要记成 100111，就麻烦了。再加上大家用惯了十进记数法，当然在日常计算中不愿用它。

说来有趣，莱布尼兹发明了二进制，还发明了计算机，可是他的计算机并没有用二进制，倒是现代的电子计算机，是用二进制来计算的。因为，通电和断电，正好可以用 1 和 0 来表示。研究逻辑也可以用二进制，逻辑里的是和非，恰好可以用 1 和 0 表示。还有不少数学理论和数学游戏，用二进制也很方便。二进制的用处确实不小呢！

我们用十进制，电子计算机用二进制。这就需要把十进制的数，翻译成二进制的数，才能送到机器里去计算。

怎样把一个十进制数写成二进制数呢？方法很简单：用 2 除，记下余数；再用 2 除它的商，又记下余数；直到商是 0 为止。把余数自下而上依次排列起来，这就是一个十进制数的二进制表示法。例如 715：

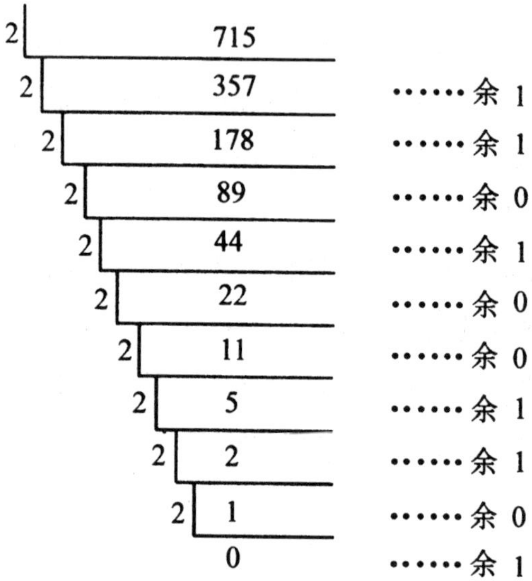

所以，715 的二进制表示法是 1011001011。

至于怎么把二进制数改成十进制数，那就更简单了。只要记着：二进制数从右向左，依次乘以 1、2、4、8、16……然后把所得的结果加起来就行了。

用假选手凑数

用淘汰的方法举办乒乓球比赛，要是参加的人不多，轮空的人次好算；要是参加的人很多，轮空的人次就不好算了。

碰见数学难题，从最简单的情况想起，往往能从中找到解题的思路和方法。现在的问题是问有多少人次轮空，那么，最简单的情况是没人轮空。什么情况才没人轮空呢？这容易想清楚。当参加比赛的人数是 2、4、8、16、32、64……时，才不会有人轮空。也就是说：选手数是 2 的正整次幂时，无人轮空。

要是这次乒乓球比赛共有 49 人参加，49 人不是 2 的正整次幂，一定有人轮空。要是再补上 15 名，凑够 64 名，无人轮空，题就变得简单了。为了方便研究，我们不妨补上 15 名吧。这 15 名算是充数的，个个简直都不会打乒乓球，和那 49 名一打准输，所以可以叫做假选手，那 49 名是真选手。

在编排比赛程序时，每轮比赛中，尽可能安排真对真；实在没办法，真的剩一个单，这才安排真假对阵。结果，当然是真的必胜，如同轮空一样。

这样凑数之后，表面上是不会有人轮空了，实际上，和假选手对阵的真选手，和轮空毫无差别。

也就是说，假选手碰真的人数，和我们要算的真选手轮空的人次，是一样的！在它们之间，有一个一一对应的关系。

而且，计算假选手碰真的人数，比计算真选手轮空的人次数要简单得多。这不只是因为假选手总要少一些，而且真选手轮空要留下来，假碰真却要淘汰，计算时也方便一些。

拿刚才这 15 名假选手来说，碰真的人数是这样算的：

15 除以 2 得 7，余 1（1 人碰真）；

7 除以 2 得 3，余 1（又 1 人碰真）；

3 除以 2 得 1，余 1（又 1 人碰真）；

1 除以 2 得 0，余 1（又 1 人碰真）。

于是马上知道，有 4 人碰真。也就是真正的比赛中，一定有 4 人轮空。

你注意了没有？计算碰真人数的过程，和把 15 表示成 2 进制数的过程一模一样！而碰真人数，也就是 15 的二进制记数法中的 1 的个数！

一个简洁有趣的答案出现了：用不小于选手人数的最小的 2 的方幂减去选手人数，差的二进制记数法中的 1 的个数，就是比赛中轮空的人次数！

例如：选手有 234 名，略比 234 大的 2 的幂是 256（$=2^8$），256－234＝22，22 用二进制表示是 10110，所以有 3 人次轮空；选手有 83 名，128－83＝45，45 用二进制表示是 101101，所以有 4 人次轮空。

怎样拿十五点

小王和小丁在玩一种 15 点的游戏。

玩法很简单：把 9 张扑克牌——黑桃 A、黑桃 2……直到黑桃 9，随便摆在桌子上，两个人轮流拿牌，1 次 1 张；谁手中的 3 张牌，首先加起来是 15 点，谁就胜了。

小丁先拿，拿了一张 5；小王后拿，拿了一张 7。接着，小丁拿了个 2，要是再拿个 8，就 15 点了。于是，小王赶快把 8 拿到手。

接着，小丁拿了 9。此时小丁手里有 2、5、9 三张牌，桌子上还有 1、3、4、6 四张牌。在这种情况下，小王要是拿 1，小丁就拿 4，有 $2+9+4=15$；小王要是拿 4，小丁就拿 1，有 $9+5+1=15$。所以，小丁一定可以胜利。

两人玩了多次，小王总是不能取胜，最多是和局，两人都拿不到 15 点。

最后，小王问小丁，你老赢不输的窍门在哪里？

小丁说：我先不告诉你。我们再来玩三子棋，你边玩边想。

三子棋的玩法也很简单。棋盘像一个“井”字，两人分别执黑白子轮流往这 9 个格子里下子，谁先把 3 个子摆在一条直线上（横、竖、斜都可以），便胜利了。

还是小丁先下。第一盘，小王执黑下到第 6 步，就发现无法挡住小丁的胜利。不过，小王很快就掌握了下三子棋的窍门，再也不败了。

小丁说：你会下三子棋，也就会玩 15 点，肯定不会再输了。

小王开始不明白，想了一会儿，恍然大悟：呵，原来 15 点和幻方有关系。

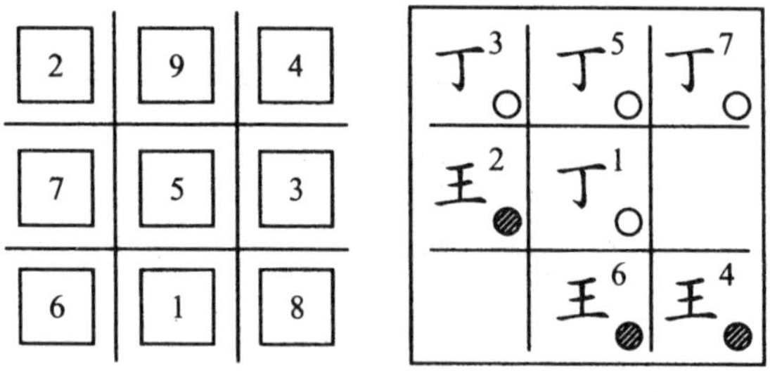

把 9 张牌，按横、竖、斜 3 张的和都是 15，摆到井字形的 9 个方格里，拿 15 点的窍门就明显了。想叫 3 张牌相加得 15 点，相当于拿一条直线上的 3 张牌。从某个格里拿去 1 张牌，换上 1 个石子，拿 15 点游戏就变成了下三子棋。反过来，每下 1 个石子，就把石子那里的牌拿出来，三子棋又变成 15 点游戏了。这样，两种游戏就是一回事了。

尽管两种游戏的道理一样，可是下三子棋的窍门，要比拿 15 点容易掌握。

小丁用下三子棋的窍门来玩 15 点的游戏，当然就老赢不输了。

这是一个例子，它告诉我们：利用一一对应，有时能把复杂的问题，变得简单一些！

思考题

请你研究一下这个游戏的取胜方法：剪 9 张纸片，在上面分别写上 65、77、85、133、210、286、561、646、741；然后，两人轮流拿走 1 张纸片，谁先拿到有同一因子的 3 个数为胜（例如 77、210、133 都有因子 7）。你能把它和三子棋联系起来吗？

数学一大法宝

一一对应，可以用来计数，可以用来比较 2 个集合里的元素的多少。一些东西不好计数，例如牛羊，另一些东西好计数，例如手指，可以把不好计数的牛羊和好计数的手指一一对应一下，就变得好计数了。

用贴标签、编号码等方法，还可以把混乱的集合和有秩序的集合一一对应，使混乱的集合变得有秩序。成千上万的各种车辆，分类、编号、登记、挂牌，一有事情，按牌查对，很快就找到了车主。

集合甲：1、2、4、8、16、32、64……

集合乙：0、1、2、3、4、5、6……

把它们的元素按上面的顺序一一对应起来，能使乘法变加法。

比如在甲集合里，4、8、32 三个数之间有一种关系，叫做 4×8=32。对应到乙集合里，4 对 2，8 对 3，32 对 5，2、3、5 三个数之间也有一种关系，就是 2+3=5。

这样一一对应，把甲集合的乘法关系，变成了乙集合的加法关系，也就化难为易了。

在 15 点游戏里有 9 个数，在三子棋游戏里有 9 个点（位置），把它们来个一一对应：3 个数和为 15，对应的 3 个点就在一条线上。3 个数和为 15 的变化很多，不是一眼就能看出来的；三点一线，却一目了然。这种一一对应，找到了 2 种关系在结构上的共同之点，就能化繁为简，化隐蔽为明了。

像这种能把甲集合里的一种关系，变成乙集合里的另一种关系的一一对应，叫做"同构"。同构是数学里的一个十分重要的概念，十分有用的方法。对数就是同构的一种应用。

一一对应，看来简单，用处很大，是数学中的一大法宝！

想一想再回答

正六边形是一种很重要的图形。它有点像一朵美丽的雪花，有不少有趣的几何性质。

在纸上画一个正六边形，又画一条直线 l，从 6 个顶点向 l 引垂线，得到几个垂足？

当然是 6 个了，1 个顶点有 1 个垂足嘛。

不要忙，想一想再回答。一想，你明白了，也许是 3 个，也许是 4 个，当然，也会是 6 个。

在右边那个图上，由点 A、B、C、D、E、F 组成的集合，和它们的垂足 M_1、M_2、M_3、M_4、M_5、M_6 组成的集合之间，是一一对应的关系。每个顶点只有 1 个垂足，每个垂足也只和 1 个顶点对应；6 个顶点，6 个垂足。

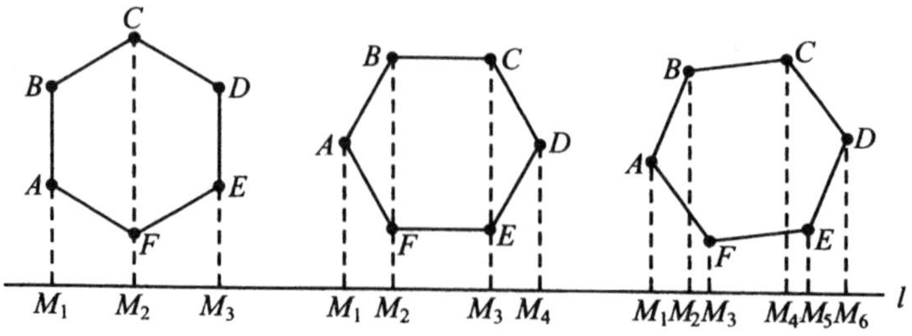

左边那个图就不同了，虽然每个顶点，还是只有 1 个垂足；反过来就不是这样了，每个垂足，和 2 个顶点对应。

中间的图，A 和 M_1 对应，B、F 都和 M_2 对应……每个顶点，仍然只有 1 个垂足，可有的垂足和 1 个顶点对应，有的垂足和 2 个顶点对应。

这个例子告诉我们：数学中的对应，并非都是一一对应的；同一个问题中，既会出现一一对应，也会出现其他的对应！

这 3 个图所表示的对应关系，虽然大不相同，可又有相同之点：每个顶点，都有一个而且只有一个垂足。

这类对应，叫做集合到集合的“映射”。

一般说：甲、乙两个集合，要是对甲集中的每一个元素都指定了乙集中的一个元素和它对应，这种对应关系，便叫做映射。

比如这里有一堆苹果，又有一排筐子，给你一个任务：把所有的苹果都装到筐子里，当你装完之后，你就建立了从苹果集合到筐子集合的一个映射。

因为，每个苹果确确实实都和 1 个筐子对应起来了。你能把 1 个苹果装到 2 个筐里去吗？当然不能。

要是每个筐子里都有苹果，这个映射叫做“满射”。

要是1个筐子至多装1个苹果，这个映射叫做“单射”。

要是个个筐子里都有苹果，而且都只有1个苹果，这种映射就叫做一一对应了。

一一对应也是映射，是既“满”又“单”的映射，是特殊的映射。

可见，映射这个概念，比一一对应更广泛！

猴儿水中捞月

你知道猴子捞月的故事吗？猴子把月亮在水中的映像，当成真的月亮了。

不过，只要不把映像当成真的月亮去捞，从水中的映像，还是可以看出月亮究竟是个什么样子的。甚至在很多场合，看虚的映像，比直接看实物反而更有用，也更方便。

汽车驾驶室两旁，总有两个微凸的镜子。没有它们，驾驶员就无法看到车旁和车后的人和车了。

刮脸的人看不见自己的下巴，只有把下巴映射到镜子里，才能看着下巴，来掌握手中的刮脸刀。

在望远镜和显微镜里面，看到的都是景物的映像。这样看映像，看得更细、更远。

数学里的映射，也有类似的情况。

多边形的模样变化万千，哪个大，哪个小呢？这就要算一算它们的面积是多少了。什么是面积呢？面积是一个数。每个多边形有一个确定的面积，也就是对应了一个数。这就是从多边形集合到数集合的一个映射。有了这个映射，就能比较多边形的大小。

同样，每个角有一个度数，这也是映射。

每个二次方程有一个判别式，判别式是一个数。根据这个数是正、是负还是0，可以判断对应的方程有不同的实根、复根还是重根。二次方程与判别式的对应关系，也是一种映射。

还有圆与圆心的对应，是圆集合到点集合的一个映射；圆与它的周长的对应，也是一种映射。

多项式和它的次数的对应，是多项式集合到自然数集合的一个映射。

平面上的点与它的坐标的对应，是点集合到数对集合的映射。这是个一一对应。

每个无理数都是无限不循环小数，我们取四位有效数字，得到了它的近似值，无理数和它的这个近似值之间的对应关系，是无理数集合到有理数集合的一个映射。

每个正整数都有一个尾巴。54的尾巴是4，129的尾巴是9，1983的尾巴是3，数和它的尾巴的对应，是从正整数集合到1、2、3、4、5、6、7、8、9、0的一个映射。利用这个映射，容易证明是无理数：

因为，要是$\sqrt{2}$不是无理数，就有既约分数$\frac{m}{n}$，满足$\sqrt{2}=\frac{m}{n}$，也就是$2n^2=m^2$。你一算就知道，平方数的尾巴只能是1、4、6、9、5、0；而平方数的二倍，它的尾巴只能是2、8、0。等式两边的尾巴应当相同，这说明$2n^2$和m^2的尾巴都是0。可是，这样的n和m就有了公因子5，与假设不相符合了。所以，这样的$\frac{m}{n}$是不存在的。这就证明了$\sqrt{2}$是无理数。

在数学里，映射真是无处不在啊！

到处都有映射

小孩子开始学说话的时候，往往有一个重大的发现：原来世界上万物都有名称。于是，他产生一种强烈的愿望，要知道他所见到的一切东西的名称。因为不知道名称，就没法说话，就没法提出各种要求。

这是什么呀——椅子；

这是什么呀——汽车；

这是什么呀——小猫。

知道了名称之后，他往往心满意足，好像知道了这个世界的一切。

什么是名称呢？这是实物集合到声音符号集合的映射。

他还会发现许多映射：

街道有名称，住户有门牌，商店有招牌，商品有商标。

人有姓名，大人有工作证，小孩有学生证，每个人都有生日……

不只小孩子在学习映射，就是你在学校学习各门功课，也都在学习映射：

在历史课上，每个历史事件对应它发生的原因、年代……

在地理课上，每个省区有它的特有物品出产、人口数……

在化学课上，每种元素对应它的原子量……

我们在学校学的一切知识，无非是说明事物之间的相关联系，而这种联系，几乎都可以用映射来表述！

为什么算得出

知道了正方形的周长，就能算出它的面积。

为什么能算得出来呢？因为正方形周长和它的面积这两个数量之间有联系。

有联系，是不是就一定算得出来呢？

长方形的周长和它的面积之间有没有联系呢？总不能说没有。可是，知道了长方形的周长，你却算不出它的面积来。

可见，光有联系，不一定算得出来，还必须有确定性的联系。正方形的周长可以确定它的面积。它们之间，就有确定性的联系。长方形的周长和面积之间虽然也有联系，可这种联系不是确定性的联系。

这种反映两种量的确定性联系的数学关系，叫做函数关系。

正方形的周长 l 给定了，它的面积 $S=\left(\frac{l}{4}\right)^2$ 就确定了。也就是说，S 是 l 的函数。

圆的面积 S 是它的半径 r 的函数。因为 $S=\pi r^2$，知道了 r 的值，S 就随之确定了。反过来，圆的半径 r 也是面积 S 的函数。

学三角，给了角度 A，$\sin A$ 便唯一确定了，所以 $\sin A$ 是 A 的函数。

x 的绝对值——$|x|$ 是什么呢？有些同学总说不明白。用函数概念，可以说清楚：$|x|$ 是 x 的一个函数，当 $x \geqslant 0$ 时，$|x|=x$；当 $x<0$ 时，$|x|=-x$。总之，给了 x，$|x|$ 便确定下来了。所以，我们说 $|x|$ 是 x 的函数。

总之，函数是指两个量之间的确定联系，其中的一个量决定另一个量。决定人家的量叫自变量，被人家决定的量叫因变量，也叫做函数。自变量在某个数集合里取值，因变量——函数也在对应的数集合里取值。

对了，函数也是映射，是数集合到数集合的映射：

函数概念，是映射概念的特殊情形；

映射概念，是函数概念的推广！

在历史上，很多数学家说不清什么是函数，总觉得函数都应该用公式表示，或者用曲线表示。后来，才取得了一致的意见：函数，就是数集合到数集合的映射！这是德国数学家迪理赫勒的功劳。

0 和 1 的宝塔

$(x+y)^2=x^2+2xy+y^2$，

$(x+y)^3=x^3+3x^2y+3xy^2+y^3$。

那么，$(x+y)^4$、$(x+y)^5$、$(x+y)^6$……展开之后，各项的系数又是什么呢？

很多书上介绍了这个二项式系数三角表：

$(x+y)^0=$ 1

$(x+y)^1=$ 1 1

$(x+y)^2=$ 1 2 1

$(x+y)^3=$ 1 3 3 1

$(x+y)^4=$ 1 4 6 4 1

$(x+y)^5=$ 1 5 10 10 5 1

……

这个三角形数表，是我国北宋数学家贾宪首先提出来的，人们称为“贾宪三角”，西方称其为“帕斯卡三角”，但实际上，欧洲人要比贾宪晚 600 年。

这些数有个有趣的性质：它的第 1、2、4、8、16……行上的各个数，全都是奇数；而别的各行，全都含有偶数。

这是碰巧呢，还是有规律？用一下映射的技巧，容易把它弄清楚。

先规定一下：偶数和 0 对应，奇数和 1 对应，这是一个映射。

再规定一下：偶数加偶数，得偶数，所以 0＋0＝0；偶数加奇数，得奇数，所以 0＋1＝1，1＋0＝1；奇数加奇数，得偶数，所以 1＋1＝0。

把二项式系数表上的偶数换成 0，奇数换成 1，得到一个 0 和 1 组成的金字塔。按照刚才规定的加法，这个金字塔中从上到下的规律，和原来的三角形数表的规律是一致的：

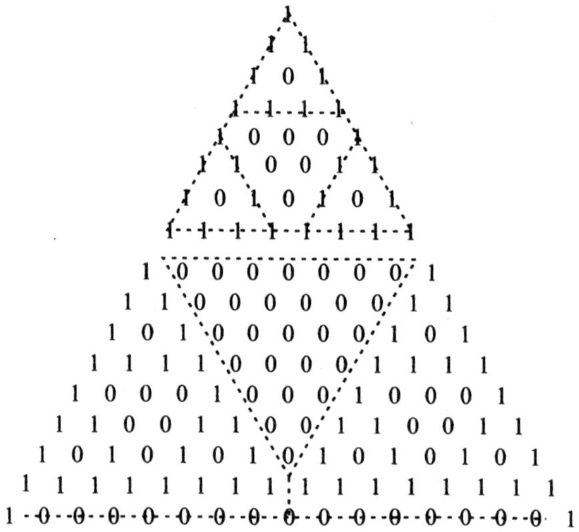

这样一映射，我们可以看出道理来了：从第 4 行全是 1，可知第 5 行中间全是 0；5、6、7 三行的中部，出现了一个由 0 组成的倒金字塔，也就是说，5、6、7 这三行中，不可能都是奇数；第 5 行两端的两个 1，按照前面 1～4 行的发展规律，到第 8 行就全部变成 1 了，这说明二项式金字塔的第 8 行，全是奇数。

同样的道理，第 16 行的二项式系数全是奇数，而 9～15 行里，每行都有偶数。

再往下去，第 32、64、128、256……这些行都是奇数，其他行里总有偶数。

要是不用映射，只看原来的那个三角形数表，这规律就不那么醒目了！

映射产生分类

研究问题，处理事情，常常要分类。

成千上万的字，不按拼音、偏旁分类，查字典就不好办。电话号码本，不分门别类，打电话就不好查。

研究动、植物要分类，医院看病要分科，百货公司的商品要分柜……映射，可以帮助我们分类。

按我国的民间习俗，每人对应一个属相，这样，按十二生肖就可以建立人到动物的一个映射。这个映射把人分成了12类。

在上一节里，我们把偶数和0对应，奇数和1对应。于是，对应于0的是一类，对应于1的是另一类。

每个数用9除，得1个余数，这个数到它的余数的对应，是一个映射。映射到同一个数的，也就是余数相同的，属于一类。这就把无穷无尽的自然数，分成了简简单单的 9 类。

二次方程对应它的判别式，而判别式又对应它的正负号。这两个映射，把方程分成了 3 类：判别式大于 0、小于 0 和等于 0。

圆到它的圆心的对应，把圆分成很多族，每族有共同的圆心。

分类，用集合的语言来说：把一个集合 A 的元素分类，就是找出一些两两不相交的子集，这些子集的并集等于 A。要是把这里的每个子集当成一个元素，组成一个集合 B，这就自然地形成一个从 A 到 B 的映射：A 的每个元素，和它所在的子集对应。

这样看来，不仅映射产生分类，而且分类也可以产生映射！

一样不一样呢

爸爸在家里教小明学会了“小”字。到了街上，爸爸指着小吃店的招牌上的“小”字问他，这是什么字？小明说不认识。爸爸说，那不是刚学过的“小”字吗？小明说，这个“小”字和我学的那个不一样，那个小，这个大得多！

这个笑话之所以成为笑话，就是因为大家都知道：一个字写得大些、小些，都是同一个字。

国旗上的大五角星和小五角星，一不一样呢？

说一样，对。它们都有 5 个角，5 个角都是 36°，颜色都是黄的。

说不一样，也对。一个大，一个小嘛。

在数学里，这个矛盾就能解决了：这两个五角星是相似的，但不是全等的！

在日常生活中，“一样”有时表示全等，有时表示相似，有时表示某些方面有共同点。

在数学里说全等，得满足三条：

(1) △Ⅰ≌△Ⅰ（自己和自己全等——反身性）；

(2) △Ⅰ≌△Ⅱ，则△Ⅱ≌△Ⅰ（对称性）；

(3) △Ⅰ≌△Ⅱ，△Ⅱ≌△Ⅲ，则△Ⅰ≌△Ⅲ（传递性）。

在数学里，说相似也得满足三条：

(1) △Ⅰ∽△Ⅰ；

(2) △Ⅰ∽△Ⅱ，则△Ⅱ∽△Ⅰ；

(3) △Ⅰ∽△Ⅱ，△Ⅱ∽△Ⅲ，则△Ⅰ∽△Ⅲ。

要是在某个集合里，规定了 2 个元素之间的某种关系满足这 3 条，便叫做“等价关系”。=、≌和∽都是等价关系。

两个数用 9 除余数相同，叫做模 9 同余，这也是一个等价关系。

>、<和∥都不是等价关系。在集合之间，∈和⊆，也不是等价关系。

有一个等价关系，就可以分类，彼此等价的属于一类，这叫做划分等价类。

日常所说的“一样”，含意的变化虽然很多，可是不管用在什么地方，本质上是等价：

第一，一个事物总应该和自己一样；

第二，甲和乙一样，那乙和甲一样；

第三，甲和乙一样，乙和丙一样，那甲和丙一样。

不满足这 3 条，“一样”这个词就用得不恰当。

回到开始的笑话上来。我们认为两个字是一样的，实际上是把字分了类：不论大小，是毛笔写的，钢笔写的，铅字印的，书法优劣，只要是笔画结构相同，都归入一类。同一类的，算是一样的！

应用抽屉原则

现在有 10 个苹果，9 只筐子，要把苹果装到筐子里，你就不可能使每个筐里只装 1 个苹果；至少有 1 个筐子，里面装了 2 个或者更多的苹果。

这也就是说：甲集合的元素比乙集合的元素多，那从甲集到乙集的映射，绝不可能是一对一的！在乙集中，一定有这样的元素，它同时被甲集中的 2 个或者更多的元素所对应。

还可以这样说：把许多东西分成许多类，要是类数比东西数少，一定会有一类里面不只一件东西。

人们把这个显而易见的事实叫做抽屉原则。它也叫做鸽笼原理、邮箱原理和重叠原则。

这么简单的事谁不知道，又是什么原则、原理的，好像很了不起的样子。

你千万不要小看了这个既平常又简单的道理。许多有趣的难题，都可以用抽屉原则来解决。

一个村庄有400人，他们中总会有2个以上的人在同一天过生日，这是什么道理呢？

道理就是抽屉原则。把一年365天，当成365个抽屉，把400人分放到365个抽屉里，总有些抽屉里超过2个人。

我国有10多亿人口，你能不能肯定：总能找出1万个人，他们的头发根数一样多？

道理仍然类似。人的头发不到10万根，把10多亿人按头发数分成不到10万组，总有一组，人数超过万人。不这样，加起来就不到10亿了。

也许你觉得上面2个题目太简单了，那么，请看下一个：

你能把44张纸牌分装在10个信封里，使每2个信封里装的牌不一样多吗？

答案是不行。你只要计算一下

$0+1+2+3+4+5+6+7+8+9=$？便可以回答这个问题。

下面这个问题更难一点：

在边长为1的正三角形里有5个点，求证：其中总有2个点，它们的距离不超过$\frac{1}{2}$。

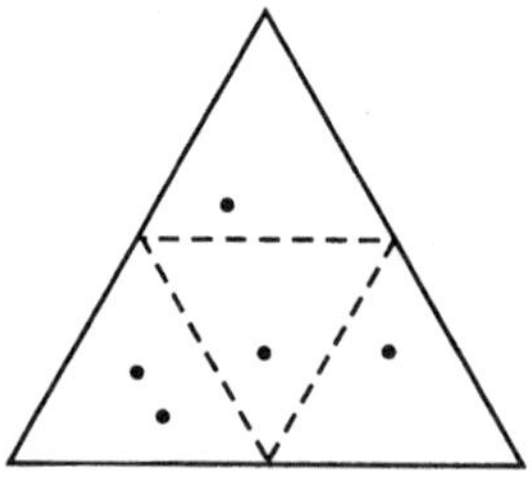

要解决这个问题：第一步，把正三角形分成4个一样的小正三角形；第二步，证明在正三角形内任取2点，它们的距离不会超过小正三角形的边长。

利用抽屉原则，这5个点必有2点在一个小正三角形内，而在一个小正三角形内的2点，它们的距离不会大于边长。也就是不大于原正三角形边长的$\frac{1}{2}$。

思 考 题

1. 求证：在圆内任取 7 个点，其中总有 2 点，它们的距离不超过圆的半径。把 7 改为 6 呢？

2. 从 1、2、3、…、100 这 100 个数中，任取 51 个，其中必有 1 个是另 1 个的整数倍，为什么？

伽利略的难题

伽利略是16—17世纪的意大利物理学家。他对自由落体的研究，至今是物理教科书的重要内容。可是，很多人不知道，他曾经提出过一个非常有意义的数学问题。

这个问题就是：是自然数多呢，还是完全平方数多?

要知道，自然数

1、2、3、4、5……

是无穷无尽的；而它们的平方数

1、4、9、16、25……

也是无穷无尽的。这两串无穷无尽的数，能不能比较它们的多少呢?

这确实是一个大胆的问题。伽利略提出了这样一个别开生面的问题，并试图去解决它，真不愧是一个思想解放的伟大科学家。他那时是这样想的：

一方面，在前10个自然数中，只有1、4、9三个平方数；在前100个自然数中，只有10个数是平方数；在前1万个自然数中，只有100个数是平方数……可见，完全平方数只是自然数的很少的一部分。在前100万个自然数中只有1000个平方数，只占0.1%，而且到后来还会更少。

可是，每个自然数平方一下，就得到一个平方数；而这每个平方数加上个开方号，就是全体自然数。难道 1^2、2^2、3^2、4^2、5^2……会比 1、2、3、4、5……少吗？一个对一个，一点也不少呀！

伽利略感到困惑了。他没有找到解决的办法，把这个问题留给了后人。

你看，伽利略的思考是很具体、很细微的。可惜，他在考虑这个问题之前，没有确定一个标准：什么叫做一样多？什么叫做这一堆比另外一堆多？

连个标准都没有，怎么能得出正确的解答呢。

康托尔的回答

伽利略提出的问题，并没有受到人们的重视。大家似乎认为：无穷多和无穷多的比较，是一个没有意义的问题。

200 多年之后，德国数学家康托尔创立了集合论，并且重新研究了无穷集之间元素个数的比较问题。

康托尔吸取了伽利略在这个问题上的失败教训，一下子抓住了问题的关键：什么叫做 2 个集合的元素一样多？

回答只能有一个：能够一一对应就是一样多！这个回答，其实连原始部族的人也知道。不过，他们是用一一对应的方法，来比较有穷集的大小；而康托尔要把这个标准，推广到无穷集之间的比较。

有人觉得，比较有穷集的大小有两个方法：一个方法是一一对应；另一个方法是数一数。其实，数一数，也是一一对应。

为什么呢？你看小孩子怎样数苹果：当他喊着“1”的时候，用手指指住 1 个苹果；喊“2”的时候，又指 1 个，这不是把苹果和数一对一地对应起来了嘛。所以，判断 2 个有穷集的元素个数是否相等，只有一个方法：看它们能不能一一对应。

康托尔认为：看两个无穷集元素是不是一样多，标准也只能有一个，这就是看它们之间能不能建立一一对应。能建立一一对应，就应当承认它们是一样多的。

有了标准，事情就好办了。

每个自然数肩膀上添一个小小的“2”，就变成了平方数。自然数和平方数之间就有了明显的一一对应关系：

1、2、3、4、5……

1^2、2^2、3^2、4^2、5^2……

我们只好承认：自然数和完全平方数一样多！

伽利略也许想不到，他的问题的答案，竟是如此的简单。

是呀，很多问题，当我们知道了它们的答案时，都似乎变得简单了。

也许你对康托尔的答案不服气，因为完全平方数不过是全体自然数的一部分，而且是很小很小的一部分，难道整体可以和它的很小很小的一部分一样多吗？

你尽管反对，康托尔却满不在乎。

他心平气和地回答：无穷集可以和它的一些子集建立一一对应，这没有什么奇怪。这正是无穷和有穷不同的地方！你既然同意把一一对应作为一样多的标准，就不应当反悔呀。反悔也可以，只要你能提出比一一对应更合理、更有说服力的标准。

可是，谁也提不出更好的标准。

只要你想问两个无穷集的元素是不是一样多，就得引进这唯一的标准，就只好承认由此而来的、和我们的习惯不符的怪现象！

怪事还多着呢

自然数和完全平方数一样多，你觉得是件怪事。可是，怪事还多着呢。

根据能一一对应就算一样多的标准，许多出乎意料的怪事出现了。

照我们直观的想象，有理数要比自然数多。因为，在数轴上，有理数密密麻麻，到处都是；自然数稀稀拉拉，哪有有理数多呢！

事实上，可以把有理数排成一队：

首先是 0，然后是 ± 1，再后面是 ± 2、$\pm \frac{1}{2}$，然后是 ± 3、$\pm \frac{1}{3}$，然后是 ± 4、$\pm \frac{1}{4}$、$\pm \frac{3}{2}$、$\pm \frac{2}{3}$，然后是 ± 5、$\pm \frac{1}{5}$，下面是 ± 6、$\pm \frac{1}{6}$、$\pm \frac{2}{5}$、$\pm \frac{5}{2}$、$\pm \frac{4}{3}$、$\pm \frac{3}{4}$……

你看出这种排队方法的诀窍了吗？

要知道，有理数都可以写成既约分数，而分数有分子和分母，我们把分子分母相加，得到 1 个子母和，子母和小的，站队站在前面，子母和大的，站在后面。这样一个挨一个，我们便把全体有理数排成一队了。

排了队，报数！1、2、3、4……顺次和自然数一对一地对应起来。这就证明了：有理数看来声势浩大，其实没有什么了不起，不过和自然数一样多罢了！

按照一一对应标准，三角形中位线上的点，和底边上的点一样多；

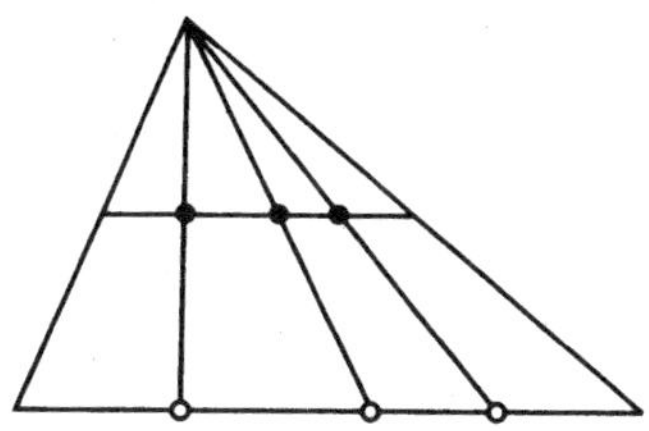

半圆周上的点，和直径上的点一样多；

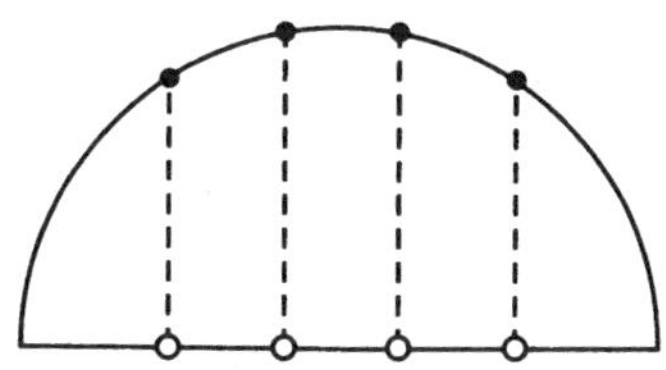

半圆周上的点，和无限长的整条直线上的点一样多！

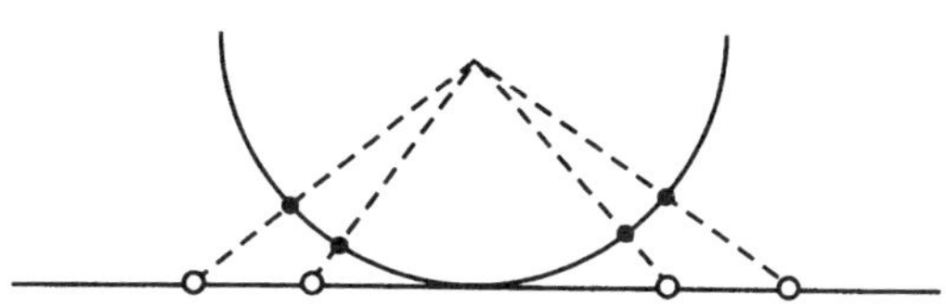

那么，1毫米线段上的点，岂不是和无限长的直线上的点一样多了吗？是的，确实一样多！

还有令人更为惊奇的呢，按照一一对应的标准，竟能得出这样的结论：随便多么短的线段上的点，竟和整个平面上的点一样多，和整个空间里的点一样多！

因为这些不符合直观印象和习惯的怪结论，康托尔的集合论受到了许多人的攻击，连他的老师克朗南格都激烈地反对他。可是，康托尔并没有屈服，他在激烈的论战中捍卫自己的正确观点，直到因过度劳累得了精神病而逝世。

随着时间的飞逝和科学的发展，康托尔创立的理论，越来越受到人们的重视。现在，集合论已成为现代数学大厦的基础！

无穷集的大小

刚才，我们知道了：密密麻麻的有理数，和稀稀拉拉的自然数一样多；小小一段直线上的点，和无边无际的宇宙空间里的点一样多。

是不是所有的无穷集里的元素都一样多呢？要是统统一样多，无穷集的比较也就没有意义了。反正都一样，还比什么呢？

有趣的是，偏偏不是这样。例如一段直线上的点，就比全体自然数多。也就是说，谁也不能把一段直线上的点，一个一个地排成队，使它们和自然数一一对应起来！

要是有一个人宣称，他已经把一段直线上的点排成了队：

a_1、a_2、a_3……

我们马上就能指出他的错误：

假定这段直线长为 l，我们可以把 a_1、a_2、a_3……一个一个地从这段线上挖掉。要是所有的点都排在这个队伍里了，那么，我们就能把这个线段挖得什么也不剩！

第一步，挖掉一段长为$\frac{l}{4}$，包含了 a_1 的线段；第二步，挖掉长为$\frac{l}{8}$，包含

了 a_2 的线段；然后是包括 a_3 的、长为$\frac{l}{16}$的一段；下面轮到 a_4，只挖掉包含它的、长为$\frac{l}{32}$的一段。

因为不论 n 多么大，

$$\frac{l}{4}+\frac{l}{8}+\frac{l}{16}+\frac{l}{32}+\cdots+\frac{l}{2^n}<\frac{l}{2},$$

所以，即使把 a_1、a_2、a_3……这无尽的一排都挖完，挖掉的长度还是不会超过$\frac{l}{2}$，剩下的点还多着呢！

可见，a_1，a_2、a_3……这一列数中没有包含线段上所有的点。

我们就这样否定了把线段上的点，和自然数一一对应的可能。它们不是一样多的！

很明显，线段上的点不会比自然数少。因为我们可以很容易从中取出一些来和自然数对应。结论：线段上的点比自然数多！

有没有一个无穷集，它的元素最多，比任何集的元素都多呢？

回答是没有。任何集合 A，它的所有的子集的数目，总比 A 的元素要多。这是康托尔的一条有名的定理。

无穷多的等级是无穷的。没有最大的自然数，也没有最大的无穷！

研究无穷的比较和运算的数学，叫做超限数论。最小的无穷集就是自然数集。

平凡中的宝藏

集合的思想，原来是极其平凡而又非常简单的东西。这里面，没有复杂的公式、美妙的曲线、难解的方程新奇的图案。它平凡得使人不注意它，而一旦注意了它，从中发掘，便能发现无尽的宝藏！

盖高楼大厦，用得最多的，是普通的砖、石和钢筋、水泥。

简单的东西是原料，而原料是可以做成各种各样的成品的，所以用途最广。做成了成品，用处固定下来，能用的地方就不多了。在数学里，集合的思想，一一对应的思想，以及其他基本的概念和公式是原料，所以用处最大！

在现在的世界上，人们发愁的不是缺少高精尖的仪器和设备，而是能源和原料的不足。

在学习中，特别是学习数学的时候，有些同学往往只重视解难题，学技巧，找绝招，而忽视了基本概念、基础知识的理解和运用。这样陷入题海，即使一时分数上去了，好像是解题的本领提高了，结果却是沙上建塔，不可能很高。

读了这本小书，要是你从此更加喜爱集合，并且重视琢磨和掌握数学中的基本概念和基础知识，那将是一大收获！

历史令人神往

在这最后一节里，讲个惊人的故事给你听。这就是罗素悖论，它使集合论和整个数学发生了一次严重的数学危机。

有一个村庄，住着一位理发师。他有一个约定：给村里所有自己不刮脸的人刮脸，可是不给那些自己刮脸的人刮脸。

试问：他应不应当给自己刮脸呢？

要是说，他不给自己刮脸，他就是一个自己不刮脸的人，按约定，他就应当给自己刮脸。

反过来，要是他给自己刮脸，他就是一个自己刮脸的人，按约定，他就不应当给自己刮脸。

总之，他陷入了两难的境地：给自己刮脸不对，不给自己刮脸也不对！

像这样正面不对，反过来也不对的话，叫做悖论。悖论和“白马非马”那样的诡论不一样。在诡论里，包含有逻辑上的错误；而在悖论里，我们却找不出什么地方错了！

这个著名的理发师的悖论，是英国哲学家、数学家罗素提出来的。

这个悖论很有趣。可是，它和集合论又有什么关系呢？

人们常说，数学是科学的基础，而集合论又是公认的现代数学的基础。大家都希望这个基础坚实可靠，千万不要出什么问题才好。

可是，就在集合论的创始人康托尔还健在的时候，人们就发现这个基础有令人担心的裂缝。这裂缝就是罗素悖论。

19 世纪末，集合论已取得了相当大的成就，形成了一个独立的数学分支。这时，德国逻辑学家弗里兹，完成了他的重要著作《算法基础》第二卷。在这本书里，他以集合论为整个数学的基础，搞了一套自以为很严密的理论体系。这本书在 1902 年付印之时，他收到了罗素的一封来信。罗素用一个悖论指出：看来结构严密的集合论，却包含着矛盾！

当时，普遍认为，满足一定条件的一切东西 x，可以组成一个集合。至于是什么条件，倒没有加以限制。这也就是允许用集合的记号：

$$A=\{x \mid x\text{满足}\cdots\cdots\}$$

来定义一个集合。这种定义的合理性，大家都承认了，称之为“概括公理”。

既然有概括公理，罗素就利用这个公理，引进了一个奇怪的集合，结果总是矛盾。理发师的悖论，就是这个集合的通俗化了的翻版。

弗里兹收到罗素的信之后说：最使一个科学家伤心的，是在他的工作即将完成之际，却发现基础崩溃了。可见这封信对他的打击有多大！

罗素的信一发表，就引起了当时数学界和哲学界的震动。这是因为，罗素悖论来自作为数学基础的集合论内部，推理简单明了，毫不含糊，用的正是数学家常用的推理方法。大家一时找不出问题所在，于是疑云四起，不仅怀疑集合论，甚至也对整个数学提出了怀疑！

为了清除这个悖论，罗素写了厚厚的一部书。可是，他的理论太复杂了，大部分数学家都不欢迎。

数学家策墨罗，提出了限制集合定义的办法，来消除这个悖论。他主张，并不是随便什么条件都可以定义集合，而只允许从一个集合里分出一个子集合。他的理论比较简单，得到大多数的数学家的赞同。

另外，数学家贝尔奈斯等人，也提出了一个公理系统，它也可以消除罗素悖论。

总之，罗素悖论刺激了集合论和整个数学的发展。经过一番大争论，很多问题弄得更清楚了，很多新的理论建立起来了！

经过大家的努力，罗素悖论被消除了。可是，将来会不会出现新的悖论呢？能不能一劳永逸地消除一切悖论，证明数学的理论基础是和谐完美、永不自相矛盾呢？

看来很难。数学家哥德尔证明了：想证明一个理论系统无矛盾，必须假定一个更大的理论系统无矛盾。所以，数学的无矛盾性无法在数学内部证明。数学的力量，只能在它广泛有效的应用中表现出来！

实践是检验真理的唯一标准。这对数学也不例外！

除了罗素悖论之外，数学史上还有过好多著名的悖论。

在古希腊，人们发现：边长为 1 的正方形，它的对角线的长，不能用分数表示，当时就被认为是悖论，叫做毕达哥拉斯悖论。那时候，人们只有有理数的知识，于是就把的发现，看成是一次数学危机。引进了无理数之后，这个悖论就被消除了。

类似的，在历史上还有过“勇士追不上乌龟”的芝诺悖论，“无穷小的数是不是 0”的贝克莱悖论。特别是贝克莱的悖论，对数学界影响很大，被称为第二次数学危机。随着微积分的发展，人们掌握了极限理论，这些悖论也被消除了。

罗素悖论比数学史上的每一个悖论都更深刻。因为它涉及数学的基础，引起了数学家长时期的大争论，被称为第三次数学危机。

第一次危机，促进了无理数的诞生。第二次危机，加速了微积分的成熟。作为第三次危机的结果，一门新的数学分支，公理化集合论建立起来了。

这三次危机，一次比一次深刻，一次比一次引起了更大的震动。可是，每经过一次危机，数学的成就更加辉煌，数学花园里就增加了更多的奇花异草！

数学，这门古老的科学，至今仍是生机勃勃，正在飞快地向前发展。

集合论，作为数学的基础，它和逻辑学、语言学、哲学相互联系，并肩前进。它的领域正在不断扩大，许多新问题，有待新一代的人们去解决！

思 考 题

罗素悖论在数学上是怎么回事呢?

某些集合看起来也可以是自己的元素。比方说：一切不是皮球的东西构成的集合，这个集合自己也不是皮球，所以它应该是自己的元素。罗素定义一个这样的集合：所有自己不是自己的元素的集合组成的集合。这个集合是不是自己的元素呢？无论怎么回答，都有矛盾：

要是它是自己的元素，它应当是“自己不是自己的元素的集合”；

要是它不是自己的元素，它应当不是“自己不是自己的元素的集合”，也就是应当是自己的元素！

附录

关于对“有名的怪题”一节的讨论和修正

2011年3月25日，我收到了署名为“水的自由落体”的一封电子邮件，对本书中“有名的怪题”一节提出了不同的看法。后来我知道，“水的自由落体”是温州市建设小学的数学老师池捷。仔细看了邮件，发现池老师是对的。也就是说，书中的论述是有漏洞的。现在将邮件中有关的分析论述复制粘贴如下，最后并说明修正的办法。

此处作者谨向池老师表示衷心感谢。

下面的楷体字是邮件原文：

一开始甲说“你肯定不能猜出我的 p”，除了可以知道乙手中的 q 不能写成2个素数之积以外，我认为还可知道，q 不能写成一个充分大的素数与两个较小素数的积，例如37。

若甲拿到37，则两个根有可能为31与6，所以乙有可能拿到的积为 $31\times2\times3$；若乙拿到这样的积，因为两根之和不能大于40，马上就能知道两个根为31与6（因为31与2或者与3相乘的话，根就大于40了）。从而在这种情况下，乙就知道甲手上的 p，既然甲很肯定地说乙肯定不知道甲手上的 p，所以甲手上就不能为 37。

同样道理甲不能为 35，因为两个根有可能为 31 与 4，若乙拿到 31×2×2 的积，则乙能马上判断出两个根为 31 与 4，从而知道甲手上的 p。

同理可得，甲手上也不能为 29，因为 p 为 29，两个根有可能为 23 与 6，p 也不能为 27，两个根有可能为 23 与 4。

所以从甲说的第一句话可知，在 4 到 40 之间，一开始两个根之和只能为 11、17、23。（而书上一开始得出的结论是有 7 个数，后来是利用两根之和是否在 7 个数之中得出最后的答案，其实两个根之和只能为 3 个数。）

A. 若甲手上为 11，

则两个根有可能为 2 与 9、3 与 8、4 与 7、5 与 6；

所以乙手上拿到的积有可能为 18，24，28，30。

18＝2×9＝3×6，只有 2＋9 在这 3 个数之中。

24＝3×8＝2×12＝4×6，只有 3＋8 在这 3 个数之中；

28＝4×7＝2×14，只有 4＋7 在这 3 个数之中。

30＝2×15＝3×10＝5×6，只有 2＋15、5＋6 在这 3 个数之中。

可见，若乙拿到了 18、24、28，就能判断出甲手上拿的是 11，

可是这时，甲却不能断定乙方手上的是 18、24 还是 28，

所以，甲手上拿的不是 11。

B. 若甲手上为 17，

则两个根有可能为 2 与 15、3 与 14、4 与 13、5 与 12、6 与 11，7 与 10、8 与 9；

所以乙手上有可能为 30，42，52，60，66，70，72。

30＝2×15＝3×10＝5×6，其中只有 17 和重 1 在 3 个数之中，所以若乙拿到 30，则不能判断甲手上是 11 还是 17。

42＝2×21＝3×14＝6×7，其中只有 23 与 17 在 3 个数之中，所以若乙拿到 42，则不能判断甲手上是 11 还是 17。

52＝2×26＝4×13，其中只有17在3个数之中。

66＝2×33＝3×22＝6×11，其中只有17在3个数之中。

（而书上是因为35在7个数之中，从而否定掉66这个数，其实66不应该被否定。）

而70与72与上面情况类似。

可见若乙手上拿的有52、66、70或者72，则能断定甲手里是17，可是这时甲却不能断定乙手里是52、66、70还是72。

所以甲手上不可能为17。

C. 若甲手上为23，

则两个根有可能为10与13、14与9、12与11……

所以乙手上拿到的积有可能为130、126、132……

130＝10×13＝5×26＝2×65，其中只有10＋13在3个数之中。

126＝14×9＝7×18＝……其中14＋9在3个数之中，可见若乙手上拿的是130或者126，则能断定甲手里是23。可是这时甲却不能断定乙手里是130还是126。

所以，甲手里不是23。

所以我认为原题无解。

我和我的学生郑焕博士讨论了这个问题。下面是他提出的修改意见，我以为是正确的。

在这道题中，把40改成65（65是针对37而修改的，65＝31×2＋3）就可以了，这时37、35、29、27都不能排除，首先因为这些数不能表示成两个素数之和，其次当它们表示成一个素数与一个合数之和时，这个素数小于等于31，而合数必有因数2，这时31×2＜65，所以它们不能排除。而40～65之间的数都可以排除，首先排除40～65之间的偶数（它们都可以表示成两个素数之和），其次对于40～65之间的任何一个奇数a，都可以把。表示成a＝37＋（a—37），而a－37的任何一个大于1的因数与37的乘积都大于65，所以也排除了40～65之间的奇数。

这样修改后原题答案不变。